Drawing for Landscape Architecture

景观设计
手绘表现

线稿与马克笔上色技法

第2版

谢宗涛 著

人民邮电出版社
北京

图书在版编目（ＣＩＰ）数据

景观设计手绘表现 ：线稿与马克笔上色技法 / 谢宗
涛著. -- 2版. -- 北京 ：人民邮电出版社，2017.6
ISBN 978-7-115-44781-4

Ⅰ．①景… Ⅱ．①谢… Ⅲ．①景观设计－绘画技法
Ⅳ．①TU986.2

中国版本图书馆CIP数据核字(2017)第044994号

内 容 提 要

本书对景观设计手绘马克笔快速表现技法进行了介绍和剖析，对设计中的表现手法进行了深入浅出的讲解。书中列举了很多实际案例，通过详细的绘制步骤、细节讲解、上色技法，甚至延伸知识，使学习者能够快速掌握手绘表现的方法与技巧，并且通过临摹及作品欣赏提高设计素养和表现水平。

本书附赠 21 堂手绘教学课，共 260 分钟的视频教程，读者可结合视频进行学习，提高学习效率。

本书能帮助手绘设计初学者在系统的教学辅助下快速提升手绘表现能力，同时也适合景观设计专业的学生及景观设计师学习使用。

◆ 著　　　　谢宗涛
　　责任编辑　张丹阳
　　责任印制　陈　犇

◆ 人民邮电出版社出版发行　　北京市丰台区成寿寺路 11 号
　　邮编　100164　　电子邮件　315@ptpress.com.cn
　　网址　http://www.ptpress.com.cn
　　北京市雅迪彩色印刷有限公司印刷

◆ 开本：889×1194　1/16
　　印张：10
　　字数：347 千字　　　　　　　　　2017 年 6 月第 2 版
　　印数：3 001－6 000 册　　　　　　2017 年 6 月北京第 1 次印刷

定价：68.00 元

读者服务热线：(010)81055410　印装质量热线：(010)81055316
反盗版热线：(010)81055315
广告经营许可证：京东工商广登字 20170147 号

序言

速度·高度·自由度

年轻学者谢宗涛先生的新作问世，我是第一个读者。看到年轻人创意奇巧，才思泉涌，敢于探索创新，甚为欣慰。

一个搞艺术的人要有悟性，要有想象的翅膀。天使能自由飞翔，进行手绘创作的人也要有天使的翅膀。没有翅膀，就没有自由；没有自由，艺术的发展空间就非常有限。有翅膀能飞到高处，能看到远处，能快乐行走，能轻松自如，能自由自在！

谢宗涛的手绘很精彩！他的手绘作品给人一种美感。

我想在此说说手绘的速度与自由。高速手绘犹如长有翅膀的天使，既自由又潇洒。练好手绘，是非常幸福的事。我在设计过程中应用手绘进行草图创意，常感受到无穷无尽的乐趣。不会手绘，那么设计过程会索然无味，设计人生也会是苦海无涯。

高速手绘过程能产生意想不到的灵感与创意。手绘于设计而言就是画构思草图，高速画草图，进入创作的境界，真是妙不可言。高速运笔勾勒构思时，常超过脑力思考的速度，进入无我状态。高速手绘时笔在意先，高速笔下能生花。"沉重"常常是设计构思过程的一种负荷感，它往往压得设计人喘不过气来。"沉重感"使人难以下笔，即使动笔也是思路凝滞，构思也是缥缈无踪，半天下来也没见几根线条。此刻，高速运笔胡画乱奔，思绪只要是朝着设计主题方向奔跑，挥笔猛画，构思便会出现于笔端前方；突然放慢或收笔，意外的创意往往已在画面之中了。

简而言之，手绘功夫熟能生巧，速度与日俱增；速度快了，如心生双翼，达到思想高度即可高空鸟瞰，又如天使般在设计的广阔天地中自由飞翔；有了思想高度，手中画笔便能得心应手，潇洒自如，就有了相当的自由度。如果能把速度、高度和自由度有机地统一起来，便会进入物我两忘的境界，不想成为大师都难！

余工

2014年2月5日于飞伦敦途中

前言

学习手绘，是一个日积月累的过程，需要经常练习。

景观是一个具有时间属性的动态整体系统，它是由地理圈、生物圈和人类文化圈共同作用形成的。现在的景观概念已经涉及地理、生态、园林、建筑、文化、艺术、哲学和美学等多个方面。景观研究是一门指出未来方向、指导人们行为的学科，它要求人们跨越所属领域的界限，跨越人们熟悉的思维模式，并建立与其领域融合的共同基础。因此，在综合各个学科景观概念的基础上，要更好地将其应用于各种土木工程建设、城市规划设计及人类居住环境的改善等具体建设项目上。

在自然风景观念普及的同时，景观设计也早已进入了人们的视野。景观设计（又叫作"景观建筑学"）是指在建筑设计或规划设计的过程中，对周围环境要素的整体考虑和设计，包括自然要素和人为要素，使得建筑（群）与自然环境产生呼应关系，使其更方便、更舒适，提高其整体的艺术价值。这个概念更多的是从规划及建筑设计的角度出发，关注人的使用，即与作为自然和社会混合物的人与周边环境的关系。

手绘是设计的原点和终点。一个好的创意，往往只是设计者最初设计理念的延续，而手绘则是设计理念最直接的体现。在景观设计中，手绘的写意手法是计算机无法企及的。正是基于这一点，手绘设计在不久的将来或许又要悄然兴起，在设计领域重新占据一席之地。

本书第1版的内容侧重于手绘表现，从笔触的表现、上色的技法到细节的表现、步骤图的表现，还有整个案例的手绘表现。

第2版在第1版的基础上进行了改进，读者可以从书中得到更系统的学习；书中还加入了大量的分析说明，以便读者理解参考。另外，本书还附赠视频教学资源，读者扫描"资源下载"二维码即可获得下载方式。作者是一位从事手绘设计培训长达十年的教师。如何学习手绘，从哪里着手，本书会带着大家一个章节一个章节地有序学习。书中有深入浅出的讲解，清晰明了的示意。

资源下载

手绘设计要求从业人员具有坚实的专业技能，因为再好的想法，如果缺乏表现形式、画不出来，都无济于事。手绘技能的培养决非一蹴而就，首先需要一定的悟性和绘画基础，经过长期的专业学习后，还要经过大量的设计练习，才能掌握效果图的绘制技巧。而想画出一幅漂亮的效果图，则需要更多的努力、更长时间的练习和更多的实践。

希望大家学习本书后，短时间里能使自己的手绘能力有一个较大的提高。但手绘也需要经常练习，才能保持更好的技能。至少每天画一点点，每天进步一点点。

关于学习手绘的几点经验

手绘学习总是有方法可以探究的。虽然很多人说学习手绘就在于多练习，但如果没有一个好的方法，盲目地下工夫也是不行的。这里总结了一些要点，希望能帮助大家找到更好的突破口。

第一，初学者可以从一些基础的练习开始。先掌握线条的类型，如曲线、直线、抖线，然后用线画圆、弧、方形等，再用线画几何体块。画植物时，先练习单体，再过渡到植物组合，进而到小景，最后进入空间的训练。

第二，尝试用不同的工具进行表达。手绘表达的方式非常多，不要太局限，如可以使用铅笔、针管笔、硫酸纸、彩铅、水彩和马克笔，再加上电脑等高科技的辅助。

第三，写生训练。去户外向大自然学习，这一点很有必要，可以大大提升自己的艺术修为。

第四，提倡手到、眼到。学习手绘需要一个练习的过程，当我们感觉手上功夫到达一个层次、很难再进步时，不如多看，以提高自己的眼界：看更多前辈的作品，看更多水彩、油画等作品。这就是说手上功夫和眼界都需要提高。

第五，手绘不要太过于求成，要有方法。我知道每个人的可用时间不同，有人要上课，有人要上班，但可以充分利用业余时间。一次不用画太多，可能只画了三分之一甚至更少，这都无所谓，只要每天进步一点点即可。

第六，对于上班的朋友来说，可以把手绘融入工作中。画一些设计草图，这样既利于文案设计，又能练习手绘。

第七，学习手绘需要一个交流的过程，要多跟其他人交流，向别人学习，同时也分享自己的经验，大家一起进步。

第八，不要怕出错。初学者往往会畏首畏尾。要敢于下笔、敢画，画错了也不要紧，错了的线条也可以在后期融入画作中。

总而言之，大家在学习马克笔表现时，要有耐心，有平和的心态，相信自己一定能够画好。

Talk about the hand-painted

　　一个好的设计作品成型，都是从一个模糊的概念里变得清晰的，这个过程就需要用手绘来呈现。通过手绘草图，让思路明了，让思维延续。

　　彭一刚院士说过："手绘基础十分重要。计算机作为设计工具已是一个建筑师不可或缺的手段，但计算机画的线是硬线，而设计构思往往是从模糊开始。这样一个创作过程，手绘表现的必要就显现出来了。"

　　手绘更多的是一种魅力，不仅展示了设计师的视觉草图语言，也记录着其每一步设计过程的构思。这种构思可以是无拘无束的线条，也可以是具体的体块形态。当然，作为表现来说，你可以说它只是一种工具，是用来绘制、设计图形的。但对于设计师来说，草图是有生命的。每一张手绘表现作品，就像是一个新生儿，活灵活现地展现在你眼前。

草图（Sketch） 长沙八方公务员小区　风格：赖特式类草原风格

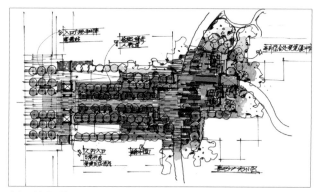

主入口广场平面图

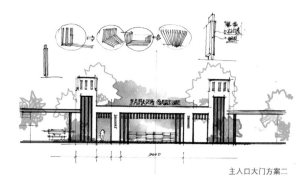

主入口大门方案二

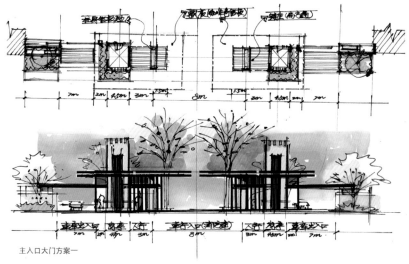

主入口大门方案一

　　这是一个公司的创意新方案的设计草图，从平面方案的创意，到立面的构思完善、成型。作为一个项目的创意设计师来说，是应该具备这些能力的。

加拿大赛瑞景观　庞美赋　绘

目录

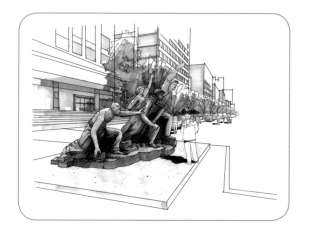

第4章 写生训练

第5章 空间训练与表达

第6章 景观设计方案及工程案例欣赏

第 *1* 章　基础训练

1.1 工具介绍与用笔技巧

学习手绘前，要先选择好适合自己的工具，所谓"工欲善其事，必先利其器"。虽然工具无法起到决定性的作用，但不要简单地认为一支钢笔或者铅笔就可以应付你所有的绘画情况。

首先从马克笔讲起，马克笔的色彩丰富，种类很多，如果用不同色阶的灰色系列马克笔进行色彩搭配，色彩会较温和。马克笔的笔尖一般分为圆头、方头两种类型。在手绘表现时，可以根据笔尖的不同，侧峰画出不同效果的粗细线条和笔触。

按照墨水特性可以将马克笔分为水性、酒精、油性3大类。

（1）水性马克笔

水性马克笔通常没有通透性（浸透性），遇水即透，其表现效果和水彩表现相当，笔画干的速度较油性马克笔要慢些，反复涂写后纸张容易起毛且颜色发灰，所以最好一次成型。

（2）酒精马克笔

酒精马克笔的特点是鲜艳、穿透力强，有较清晰的笔触，叠加时笔触比较明显，而且会逐渐加深，纸张不易起毛。酒精马克笔的气味更大，笔墨干后，可注射酒精，但色彩纯度会适当降低。目前市面上最常用的酒精马克笔是斯塔（STA）。

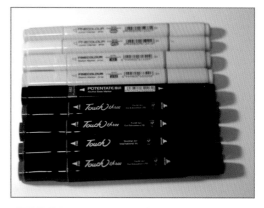

（3）油性马克笔

油性马克笔和酒精马克笔比较像。其优点是挥发速度快，笔墨干后颜色会变淡，可覆盖调和并且过渡自然。油性马克笔通常以甲苯为溶剂，具有很好的通透性，但挥发比较快，使用时动作要准确、敏捷。油性马克笔的使用比较广泛，可以覆盖在任何材质的表面，由于它不溶于水，所以也可以与水性马克笔、水溶性彩铅混合使用，增强表现力。缺点是因为它以甲苯为溶剂，所以有一定的毒性，另外曝于自然光下会褪色，笔墨干后不能加酒精，可适度加入一些汽油作为溶剂。

掌握绘图工具的使用方法，能够保证绘图质量，加快绘图速度，提高绘图效率。

（4）马克笔品牌

目前市面上能买到的马克笔品牌繁多，但是，不管我们选择什么品牌的马克笔，最重要的是熟悉它的特性，如AD马克笔是油性马克笔，笔头较柔软、水分充足，在画画时溢开速度很快，初学者不易掌握。而斯塔马克笔是酒精马克笔，笔头相对较硬，价格也相对便宜，适合初学者使用。

（5）绘图笔

常用的绘图笔有美工笔、毡头笔、针管笔、普通的签字笔等，表达精细线稿前会使用自动铅笔起稿，而写生或者草图则可使用不同型号的铅笔，表达出不一样粗细感的画面。

（6）彩铅

彩铅的品牌也很多，一般我们会选择水溶性彩铅。蜡性彩铅不易叠色，不作选择。

（7）钢笔墨水

要选择在绘画或马克笔上色时不易化开的墨水。

（8）纸张

常用的有普通的A3、A4复写纸、快题纸、硫酸纸或草图纸。

（9）其他

滚动尺、比例尺、涂改液。

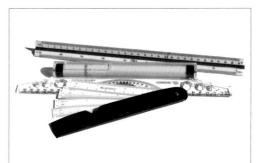

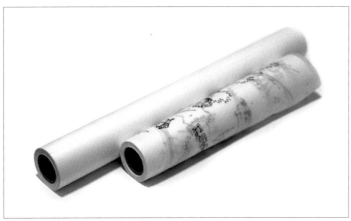

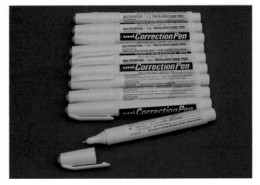

1.2 掌握线条表现的能力

● **线条的练习**

著名建筑大师勒·柯布西耶说："自由地画，通过线条来理解体积的概念，构造表面形态……首先要用眼睛看，仔细观察，你将有所发现……最终灵感降临。"可见线条的练习是多么的重要。

要能自由的表达，学习手绘的第一步就是线条的练习。每幅画面都是由线组成，熟练掌握线条的画法，所画出来的空间也更具有成熟感。当然，画线条也存在一些技巧。

（1）错误的线条画法（注意线条不要有太多结点）

（2）正确的线条画法

起笔　　　运笔　　　收笔

一笔线的表达，从头到尾力度均匀

（3）线条常见的一些画法

特殊线：飘线，一头轻一头重

快速排直线（肯定、果断）

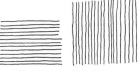
线条起笔、收笔无需故意起勾线　　　慢速排直线（小曲大直）

● **图形的练习**

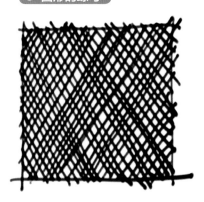
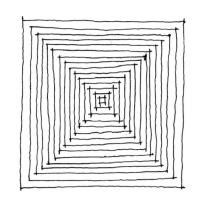

● **线条的种类**

设计师要把握多种线条的性格，根据线条的特征，可将其分为硬朗的直线；纤细、绵软的抖线；柔中带刚的曲线。

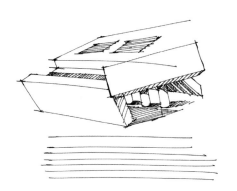
硬朗的直线

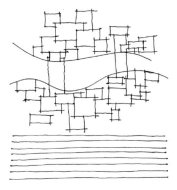
纤细、绵软的抖线

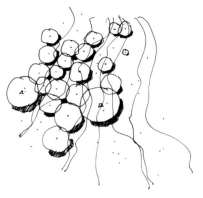
柔中带刚的曲线

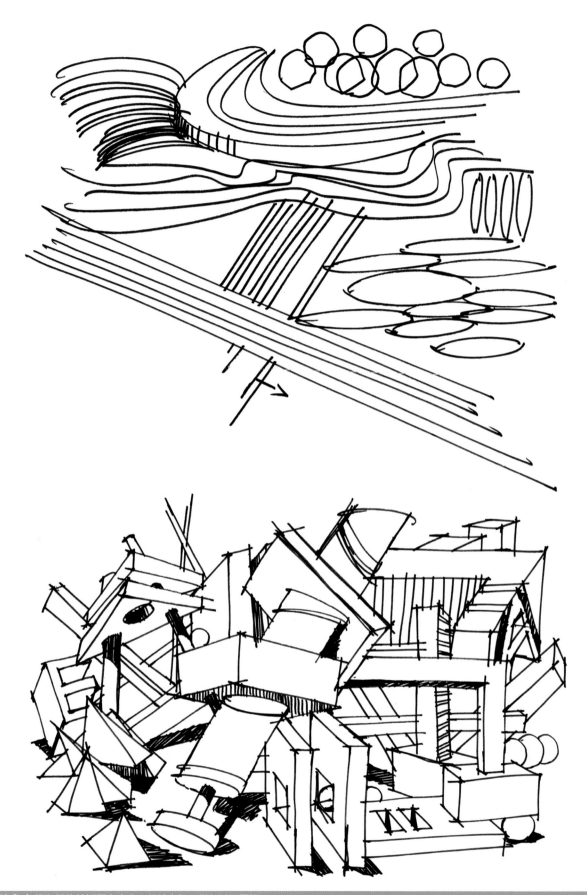

● 粗细线条的学习

　　可以用美工笔、毡尖笔或者不同粗
细的其他笔，表现出粗细变化的画面，
通过点、线、面的结合，增强画面的生
动感和趣味性，也可以表现出物体的材
质，丰富内容。

在运用粗细线条表达时不需要把所有的细节都画下来，要提炼，合理删减，有一个主体的景物和结构即可。

1.3 马克笔与彩铅的使用技巧

● **马克笔排笔笔法及技巧**

　　马克笔线条的练习，对于初学者来说很重要，可以找一些自己不常用的笔来练习，画的时候尽量画整齐、均匀平拉的直线。注意用笔时要快速、肯定，切忌犹豫不决、运笔太慢、力道不均等。

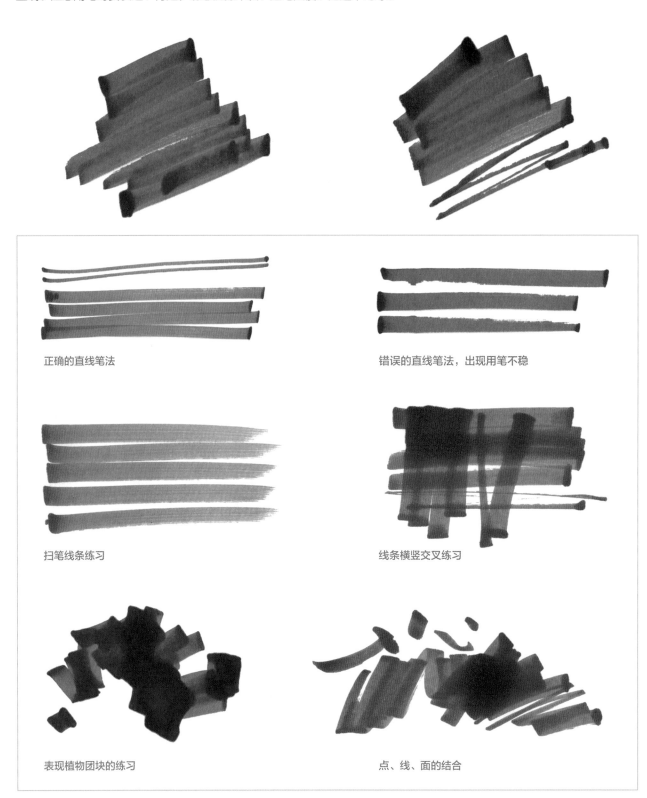

正确的直线笔法

错误的直线笔法，出现用笔不稳

扫笔线条练习

线条横竖交叉练习

表现植物团块的练习

点、线、面的结合

● **马克笔排笔练习**

自由练习：马克笔排笔练习可以放开一点，不要怕画出去。初次接触马克笔时用这种方法进行练习是比较有用的。

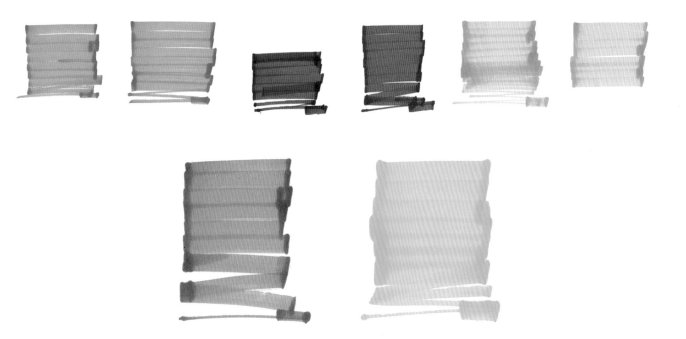

我们可以画些框来进行练习，笔触尽量不出框，在特定的框里练习排笔，或排笔练习同类色之间的过渡。

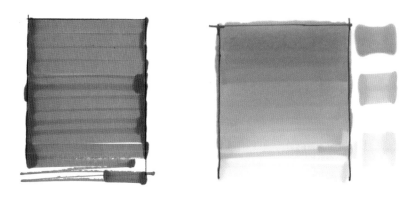

当然，马克笔的渐变过渡也是经常用到的，可以找几支同类色来练习过渡，如下图冷色、暖色间的过渡。

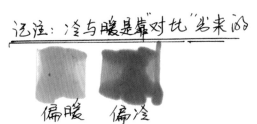

同类色之间的过渡   冷暖色之间的叠加

● 体块上色练习

● 马克笔在硫酸纸上的表现技巧

　　硫酸纸有别于普通的复写纸，上色的方法大不相同，它有自己的上色方法和模式。在硫酸纸上可参照下面的笔法进行练习，通过画出来的色彩我们可以看到其特有的肌理感，深色的马克笔画上去也变成浅色了，所以往往需要更多深色的马克笔。要掌握其规律，有序的笔法变化，做到画面的统一就可以。

叠加变化法

平涂法

● 彩铅的用笔技巧

　　彩铅可以表现出肌理感。彩铅与马克笔叠加使用时，通常是先用马克笔，再用彩铅，这样可以避免马克笔在来回运笔时溶掉彩铅，导致糊在一块，甚至变脏。

　　彩铅可表现的地方比较多，可以用来表现比较细腻的天空、水面，也可以用来表达植物、物体材质等。

用笔均匀，力道可深可浅

第2章 景观配景与小品表现

2.1 植物单体线稿表现

在绘制植物时有多种表现轮廓的方式，如内弧线、外弧线、折线、草折线等，大家可以尝试一下，看哪种方式更适合。常画的植物大概可分为乔木、灌木、花草、针叶植物。

在画植物线稿时，要注意以下几点。

1. 线条的连贯性，这需要对树的形态做到心中有形，对叶子多加练习，达到熟练掌握的程度。

2. 植物丛之间的疏密变化，把握前实后虚的原理。有时候可以针对前面的植物画些细节，比如前面的叶子可以画出脉络，或者把叶子的轮廓线加粗。

3. 注意树分五枝的道理，适当考虑树枝的前后左右、树枝间的穿插关系。

4. 学会运用植物的对比，如树干留白与叶子密集的关系等。

5. 找准植物的形体，这个是最关键的。看看整体树形是什么样子。

6. 要有张力、有气势，能感觉到它很有生命力。

一些基本常用的线条表现语言：内弧线、外弧线、折线、草折线等，都是一些轮廓的表达，初学者画起来会有点不顺手，这需要大量的练习。后期在表达植物时会大量使用。

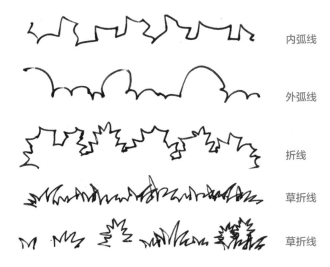

内弧线

外弧线

折线

草折线

草折线

● 灌木及花草的画法

要理解这些植物是由单片叶子组成的，首先学习单片叶子的画法，多练习，在景观设计中往往会不断重复地画这样的植物。

植物具象与概括的对比。

● **针叶类植物的画法**

　　针叶类植物比较难画，要先对单片针叶进行练习，熟练后再练习整扇，再到整株。要注意每扇叶子的朝向和前后变化。

● **乔木的画法**

　　相对来说乔木是最常画的。首先要掌握植物轮廓的表现语言（第1章中已经介绍过），再就是对整株植物要做到心中有形，即要有整体感觉。这种感觉来自于我们平时对生活的观察和对书上这些线稿的印象。

● **乔木组合的画法**

在学会画单株植物后，可以开始学习植物组合的画法。画的时候要注意各种植物间的高低安排、植物之间的有序穿插，以及体积大小的设置。不管是写实的还是简笔表达，无外乎要考虑谁是主体、谁是陪衬。

树的画法很多，但原理是一样的，只有掌握了其中的穿插关系，才能随心所欲地进行变化，"法无定法乃为至法"，要根据自己的需要来调整画面关系。

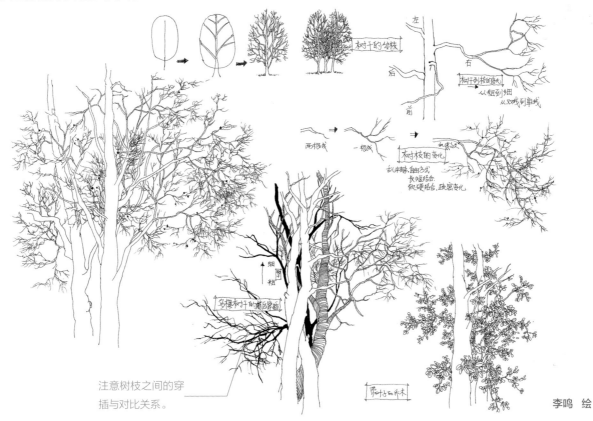

注意树枝之间的穿
插与对比关系。

李鸣 绘

2.2 植物马克笔上色解析与表现

植物的上色可以从单株的练习开始，先画出树的整体枝干骨架，然后选取马克笔进行上色。在上色时可先画亮色调，或者是所占面积最多的颜色，不过这就要我们心中对所要表现的色彩要有一个概念，要做到心里有数。

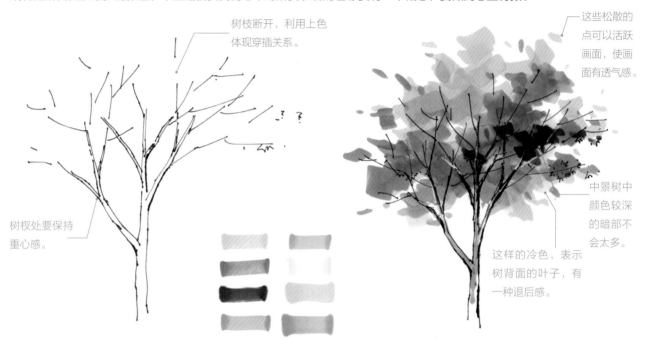

树枝断开，利用上色体现穿插关系。

树杈处要保持重心感。

这些松散的点可以活跃画面，使画面有透气感。

中景树中颜色较深的暗部不会太多。

这样的冷色，表示树背面的叶子，有一种退后感。

多种植物的组合上色

这里选了3支绿色马克笔来表现植物，颜色由浅到深，代表植物的黑、白、灰关系，蓝色用来辅助润色，紫色用来点缀画面，打破空间的色彩氛围。

背光的地方，加一些冷绿色即可，有一种退后感。

注意亮部不要画得太满。

面向光源的地方，颜色偏暖。

下部适当加入一些木色，表示枯叶等。

灌木丛的这一条重色位置不要画得太低，增加分量感。

步骤01 先画出一部分清晰的组合，然后再穿插画出旁边和后面的叶片，底下的暗部可以用排线或填充黑块去表现。

步骤02 用一支亮色的马克笔，从面向光源的地方开始排线，注意留白。

步骤03 上色时先画一个亮色，然后用深一点的颜色增加层次感，再用暗红色来体现变化。

步骤04 地上的墙体简单上色即可，整棵树的暗部可以用灰色来填充。

步骤01 针叶类植物要尽量先画出部分叶片，越往植物中间叶片越密集。

步骤02 用一支亮色的马克笔，交代清楚植物的受光区域。

步骤03 再用一支深一点的绿色马克笔，画出背光区域，同时可以在背光面画出冷色。

步骤04 越往中间植物颜色越深，最后，画出树干和地面上的投影。

灌木及花草的表现

灌木一般不会用来点缀画面，它属于配景类植物，所以不会过于突出，色调相对来说要单一一些。

花草往往在画面中起到点缀作用，色彩会比较醒目。可以根据需要画不同色彩的花。花的变化也可以结合彩铅来表现。

注意花与叶子的穿插关系。

用马克笔结合彩铅来画，
过渡效果非常好。

乔木的表现

线稿、色彩先画谁？这个问题在练习的时候其实关系不大。植物上色有两种方式：一种是针对画好的植物轮廓，直接用马克笔填色，这种方法更适合初学者；另外一种是画好植物的枝干，然后用马克笔进行上色，用这种方法上色比较自由，笔法更随意，但对初学者来说对形体的掌握还是有点难度的。

画好植物轮廓之后，再用马克笔上色

画好植物枝干之后，再用马克笔上色

　　植物的色彩并不一定是单一的纯度上的变化，也可以是色相上的相互融合，如黄色和绿色，蓝色和绿色。马克笔在表现植物时需分轻重，色彩轻重的合理搭配，能体现出植物的体积感。另外，适当零散的笔触可增强空间的透气性和自然感。

　　这种植物上色的方法是：先考虑受光方向，再选几支固定的颜色，颜色不宜多。然后以排斜线的方式（或者其他有序方式）排线，植物上部分排得稀疏，下部分排得比较密集。背后如果有衬托的植物，则用稍灰点的色调。

近景收边植物

除了绿色植物，可以尝试画其他色彩的植物

2.3 景观石材的表现

　　景观石材的表现有很多种方式，如以前的白描，现在快速表达中密集的线条，以及草图中简略的意象图。

　　当然，石头跟树一样，也有规律，那就是石分三面的原则，要表达出黑、白、灰的关系。分的面越多，石头的表现也就越丰富。

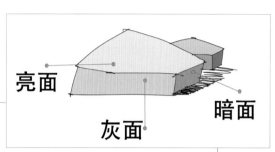

石头的黑、白、灰三面关系简略图

注意 | 石头的投影部分及转折面的位置。先尝试画些简单的形态，再深入丰富和组合，石头的组合要考虑其整体与松散的位置变化。

石头的黑、白、灰三面关系效果图

石头分为三面后，继续拓展出更多的面

多处亮部采用留白。

色彩重的地方可以是纯黑色。

石头的灰色调占绝大面积。

石头的上色表现

注意这里厚度的表达。

墙面石材的表现

简略的河道石头的表现

枯山石的表现

2.4 景观材质的表现

　　景观的材质比较多，这里选了一些经典的材质，如木质、景观墙面、石材、铺砖。注意在结构表达时要有序，特别是拼花砖的墙面，结构线条不要出现太多断线，否则易乱。

● 墙、木材的表现

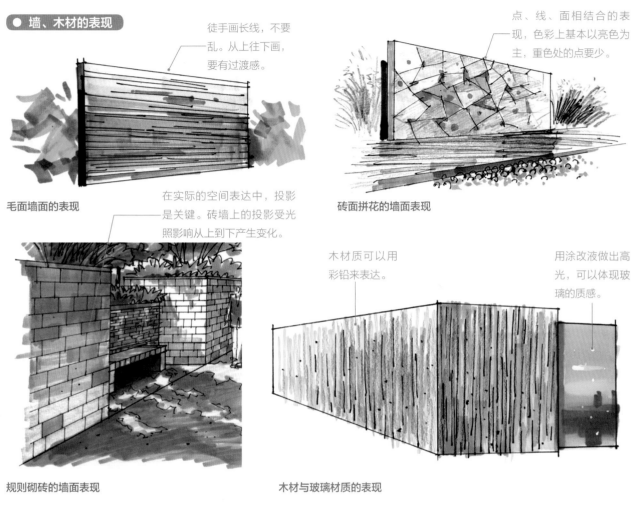

徒手画长线，不要乱。从上往下画，要有过渡感。

点、线、面相结合的表现，色彩上基本以亮色为主，重色处的点要少。

毛面墙面的表现

在实际的空间表达中，投影是关键。砖墙上的投影受光照影响从上到下产生变化。

砖面拼花的墙面表现

木材质可以用彩铅来表达。

用涂改液做出高光，可以体现玻璃的质感。

规则砌砖的墙面表现

木材与玻璃材质的表现

这些是植物的重色，基本悬空画。

黑色的点有表达其质感的目的。

草地上有投影即可，投影本身没有太多变化。

户外铺木及人工切割石材的表现

注意 ｜ 这种人工切割石材的上色要保持光洁，甚至有倒影。注意黑、白、灰三个面的区别。

● **天空的表现**

　　在表现天空时，可以考虑以云为形，逐步找出云朵的感觉。当然了，还得围绕画面中心来画。天空的画法可以分为有体积感和无体积感，有体积感相对复杂一些，可以参照下图练习；无体积感的画法主要是以平面背景为主，衬托画面中的景观。

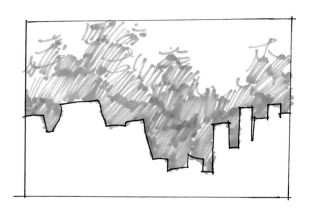

● **水的表现**

在表现水之前可以先学习关于水的线条表达，了解水在不同状态中的存在形态。手绘中不同场合的水是不同的，如静水以表现倒影为主，动水要考虑水的流势、波纹的动态。注意水与环境的关系，手绘水流时用笔要流畅，不要停滞。

水面波纹

水面波纹以曲折线的方式来表现，外加一些横向的虚线，整体要保持一种平行的趋势。

水面倒影的表现

水面倒影的表现方式有多样性，有短横线，有曲折线，还有垂直断线。但不管是哪一种，都要注意排线完成后的整体倒影要与画面垂直。

喷泉的表现

喷泉一般会根据其喷起的速度、高度来画，线条以虚线为主。在上色时主要是画出其暗部，或者留白喷泉画暗背景色，达到衬托效果。

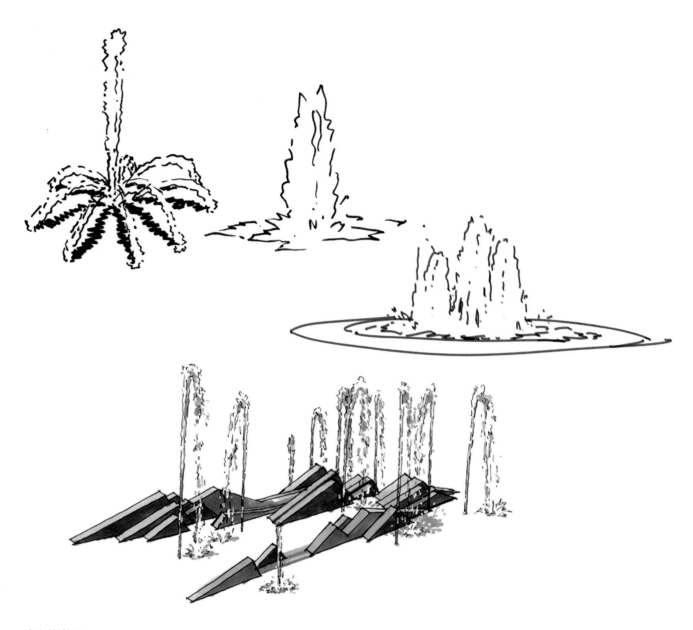

流水的表现

　　表现流水时要注意线条的灵活性，亮部可以留白，或者选择用断线、虚线表现，暗部则线条密集，整体不宜画得过实。

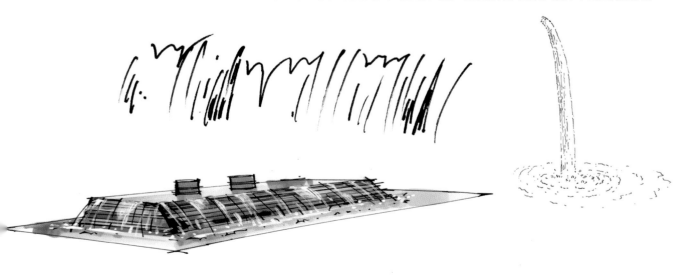

远处的流水基本上
不做什么变化。

用深色画出
背景，衬托
出水反光的
颜色。

水滴的变化要有不同的方向，要画出力度感。

2.5 景观人物的练习

　　景观人物在画面中的作用有四点，一是增强画面的氛围；二是起到完善画面构成、构图的作用；三是增强景观中的动静结合；四是给画面一些尺度感。

手绘人物的技巧

　　1. 人物形体比例为头：上身：下身=1：3：4。

　　2. 人物的刻画按近实远虚来处理，近处细致，远处概括。练习写实的人物画可以帮助我们训练基本功。

　　3. 人物的表达要有动态感，用笔概括简练、生动灵活。

　　4. 人物的色彩要与画面统一，也可以作为画面的点缀。

　　人视图中，如果人物很多，那么他们的头部要保持在一条水平线上，即在同一条视平线上。

人物简化的画法

　　先确定一个头部，一般偏小；再确定一个身体，类似于梯形；之后补充手和脚；最后加上投影和细节即可。

2.6 交通工具的练习

　　把车身整体看作一个长方体，做到心中有形，注意形体比例。人视图中的车一般不画出车顶面，地面的重色投影能很好地衬托车身。

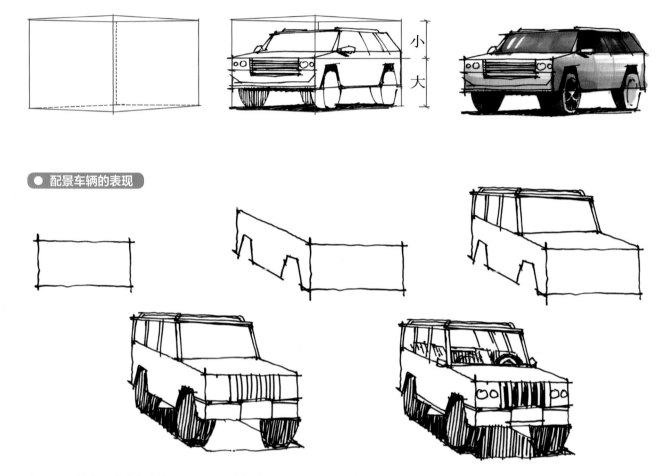

● 配景车辆的表现

表现一：首先，确定汽车的正面，即一个长方形，再画出一个进深方向的侧板，也是长方形，然后确定轮胎的位置。其次，往上画出汽车的上半部分，注意尽量保持平行或者两点透视的方向。之后，对正面、轮胎和投影进行刻画，注意地面上的投影也是一个长方形。最后，加上一些简单的细节即可。

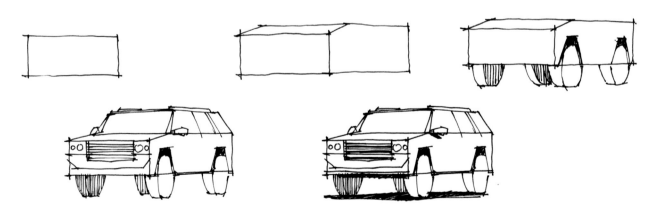

表现二：与上面的步骤基本相同，只是在画进深的时候，做了一点斜切面的变化。同样，自己在画汽车的时候，也可以做一些不同的变化。

2.7 景观小品表达

　　景观小品是指公共环境中供休息、装饰、照明、展示和为空间管理及方便游人使用的小型建筑设施。一般没有内部空间，体量小巧，造型别致。景观小品既能美化环境，丰富园趣，为游人提供文化休息和公共活动的方便，又能使游人从中获得美的感受和良好的教益。

　　例如，座椅、太阳伞、长廊、亭子、花木、雕塑小品等，可以在景观中制造氛围。其中，雕塑小品不同于城市雕塑，雕塑小品更有情调，通常都是一些生活题材的表达。

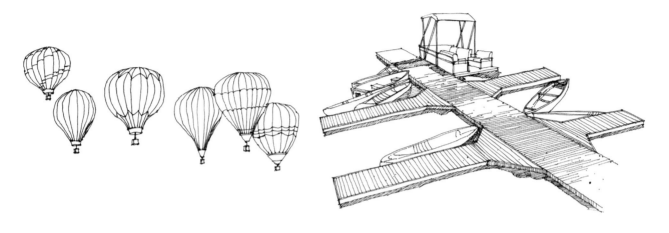

边缘的植物不要
画得太紧凑了。

注意要有光影，有光
影画面才会更生动。

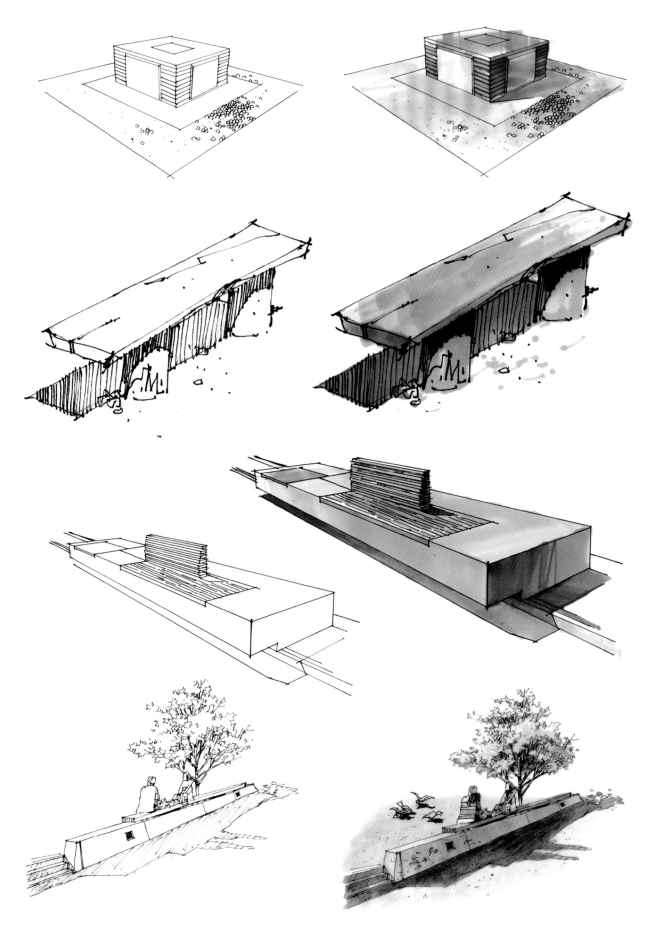

景观小品的练习是很有意思的，我们可以到公园写生，到小区去取材。想要简单一点的话，只画单体或组合即可；想要丰富生动一点的话，可以把配景加进去，画上一些植物、地面等。

● 景观雕塑的表现

丁颖　绘

手绘设计表达不要局限于马克笔，可以尝试更多不同的工具、不同的颜料，提升自己对设计把握的能力。马克笔虽便于携带，但还有一些工具也很好，如水彩、水粉，或者使用各种型号的铅笔。左图就是用铅笔调子表达的雕塑。

　　景观雕塑其实是非常有美感的，有秩序的排列，简单且造型优雅，仿佛是历史的遗迹，但在这丛新绿中，又透出了勃勃生机。

尝试对颜色
进行过渡。

这些景观墙体的背光面，
用简单的单色表现即可。

排线的方式不宜有变
化，要整齐、有序。

● **景观亭子的表现**

亭子是园林环境中的重要组成部分，是不可或缺的要素，它与园林中其他要素一起构筑了园林的形象。根据人们的使用习惯，亭子高一般为3.0~3.5m，不同样式的亭子高度稍有区别。

即使背光面也要有适当的亮部。

亭子后面的植物无须刻画太多。

● 景观灯具的表现

景观灯具种类很多，大致可以分为室外景观灯具和室内景观灯具。

景观灯具是现代景观中不可缺少的部分，在空间中的运用能起到画龙点睛的作用。现代景观灯具的造型虽然变化很多，却离不开三大类：仿古、创新和实用。一些华丽的景观灯、动物造型的景观灯、线条精细装饰豪华的景观灯等都是仿照18世纪宫廷灯具发展而来的。这类景观灯适合于空间较大的场合，能表现出绚丽夺目的豪华感；另外一些造型别致的现代景观灯，如各种射灯、牛眼灯等都属于创新景观灯；还有一些实用的景观灯具，如平时的日光灯、落地灯等，这些都属于传统的景观灯具。

对于一个小区或街道的景观来说，一些独具风格的景观灯不但可以点缀整个环境，还能营造出优雅的氛围。

● **景观廊架的表现**

廊架一般以木材、竹材、石材、金属、钢筋混凝土为主要原料，或者添加其他材料凝合而成。这种供游人休息、作为景观点缀之用的建筑体，以其自然逼真的表现，给广场、公园、小区增添了浓厚的人文气息。

廊架可应用于各种类型的园林绿地中，常设置在风景优美的地方供休息和点缀景观，也可以和亭、廊、水榭等结合，组成外形美观的园林建筑群。在居住区绿地、儿童游乐场中，廊架可供休息、遮阴、纳凉；用廊架代替廊子，可以连接空间；用格子垣攀缘藤本植物，可分隔景物；园林中的茶室、冷饮部、餐厅等，也可以用廊架作凉棚，设置坐席；还可将廊架作为园林的大门。

廊架尺寸不定，需根据人们的使用习惯来设计，长宽要协调，廊架高度一般为3.0~3.5m，太高太矮都不协调。

四方普通廊架

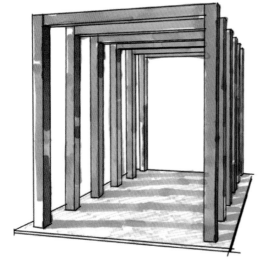

现代廊架

欧式廊架

与亭子相结合的廊架

中式弧形廊架

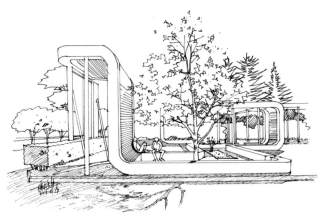

步骤01 按照一点透视方向，画出廊架的线稿，植物要尽量概括，刻画投影，增强立体感。

步骤02 先把近景的植物画完，选用亮色表现，背光面用冷绿色表现，远景植物用墨绿色表现。

步骤03 给廊架画一个淡淡的木色，在背光面刻画一些反映天空的冷光。

步骤04 加深近处的背光面，用色彩加强空间的立体感。

步骤05 在地面投影上画出紫色和灰色，这样可以保持地面干净、有变化。最后，在廊架的背光面画上颜色相对深一点的木色。

第3章 空间与平立面表现解析

3.1 透视关系

要观察一个物体、一个空间，那就存在透视关系，透视就是找一个合适的观察视点，是人眼从一个特定的角度看过去的效果。我们的设计意图和空间效果都是抽象的，用透视的画法把它逼真的从三维立体空间中表现出来。

有人说，在对景观及规划的场地观察理解并进行构思的同时，优秀的设计师应该具备良好的空间想象力和创造力，所以透视效果图和设计草图是最直观的表达。

透视的视觉变化表现特征有以下几点。

1. 物体有规律地摆放后，上面的平行直线与视点会产生夹角并消失于一点。
2. 消失点越低感觉物体越高大，反之则越矮小。
3. 等间距的物体距离与人的视点越近则感觉越疏，反之则越密。
4. 等高物体距离人的视点越近则感觉越高，反之则越低。
5. 等体量的物体距离人的视点越近则感觉越大，反之则越小。

在景观绘图中常用的透视类型有：一点透视、两点透视、三点透视，这些都是根据灭点的数量来定义的。

注意 ｜ 正规科学的透视作图比较复杂，可以稍作了解，但不一定要使用这种方法，我们只要了解和掌握基本的透视方法就可以了。可以采用既实用又快捷的方法，就是感觉透视，对我们所画的空间透视凭感觉去画，心中有一条平行线及消失点的高度即可。

● **一点透视**

　　一点透视相对比较简单、方便，它的空间或物体所有的横线都是水平的，竖线都是垂直的，唯有斜线向画面的中心点（消失点）消失。用一点透视表现出来的空间庄重、宽广、稳定，所以它更适合画纵深感强的画面，缺点是稍显呆板、不够活泼。

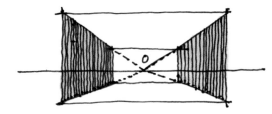

● **两点透视**

　　两点透视又称"成角透视"，顾名思义就是有两个消失点，两组斜线消失在水平线上的两个点，所有的竖线垂直于画面。用两点透视表现出来的画面比一点透视自由、生动，能够更加真实地反映物体及空间效果。缺点是如果两个灭点距离太近，角度选择不好的话画面容易变形失真，最好是拉远灭点的距离。

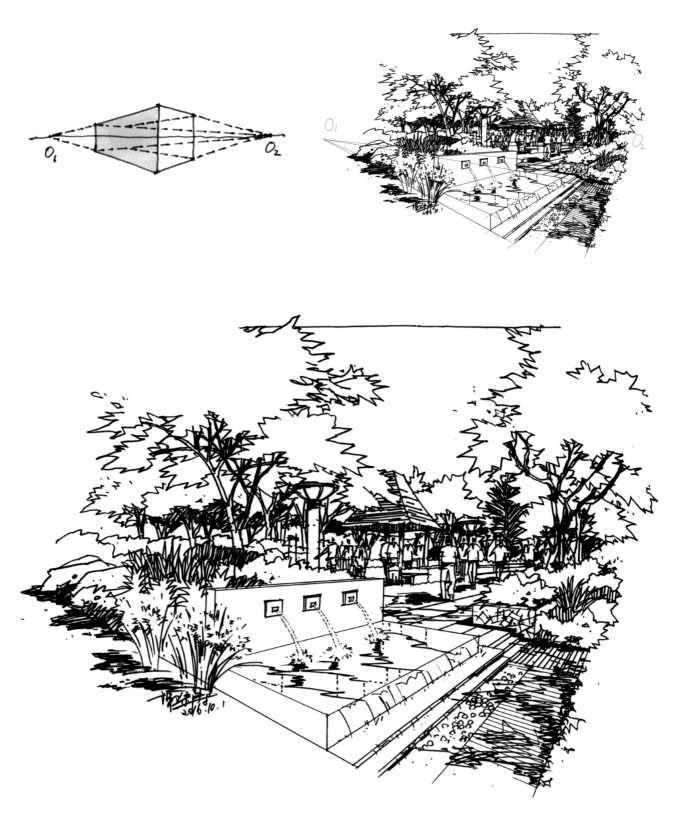

● **三点透视**

　　三点透视的视角更像是广角镜头拍摄的变形，这种透视比一点透视和两点透视更难以绘制，可以把它看成是在两点透视基础上的进阶。三点透视没有一条边是水平或者平行的，所以这种透视尽管最为生动，但需要谨慎把握。

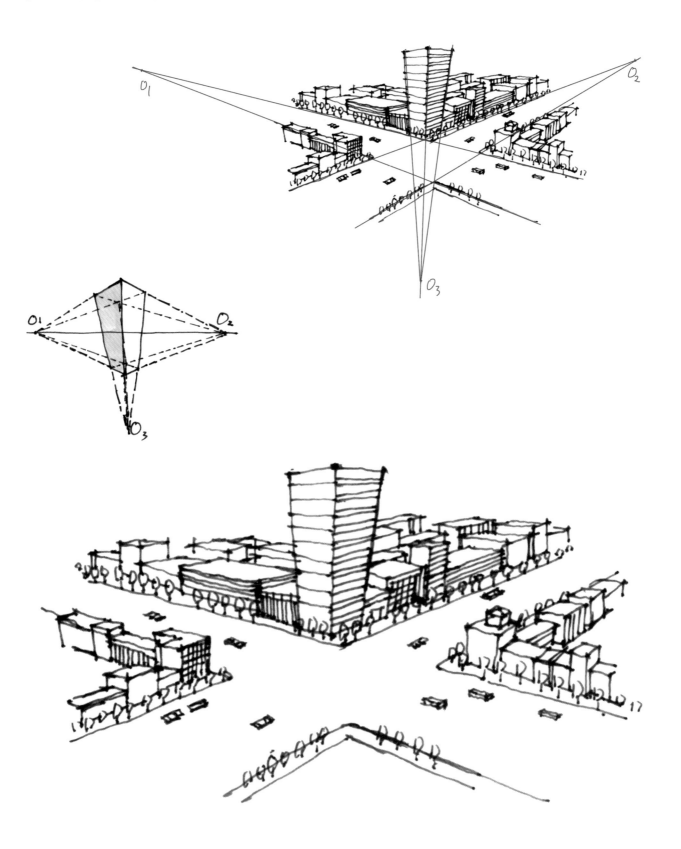

3.2 景观小场景步骤图

● **散景表现**

这样的小景画面小，练习起来方便、快捷。

步骤01 线稿相对来说比较简单，可以直接用墨线笔画，从大的灌木开始画起。

步骤02 给草地画上亮绿色；注意留白，不然会太平淡，没有变化。

步骤03 给灌木画上黄绿色，再画上深一点的绿色，层次关系就出来了。

步骤04 与上一步相同，给其他灌木也画上两个层次。地上的朽木先用97号木色，再用WG的灰色上色，注意朽木上的投影。

步骤05 再适当地加一些新的绿色层次，用淡红色点缀画面。用从右向左斜向45°的过渡画法画出天空。

●小区地下室通风采光口景观表现

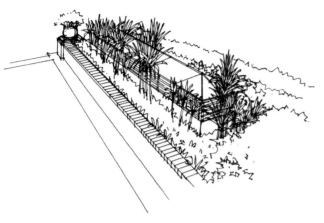

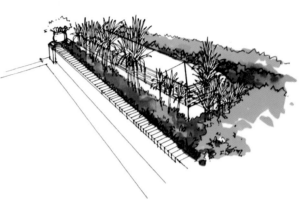

步骤01 用签字笔绘制好两点透视的小景空间，绘制时要注意透视关系。

步骤02 选取几支表现绿色植物的马克笔，使用转折笔法为前面这排矮植物排笔上色，适当留出一些空间上亮色。

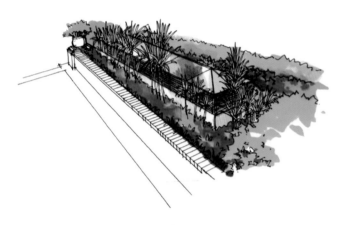

步骤03 中间种植了不同色彩的植物。用淡红色配一些绿色，画出格栅透气口的颜色，注意面的转折。画玻璃顶盖时注意斜面的表达，可以用倾斜的笔触。表达转折面时一面留些空白，一面上些淡色。最后适当加些倒影，以更好地表现玻璃材质的效果。

步骤04 用暖色调马克笔为其他铺砖上色。用淡红色上色时不能直白地平涂，需要留些空间。另外，用淡黄色点缀前面的植物，中和整体画面。

● 公园设施箱景观表现

步骤01　画出线稿，在表现植物的一些暗部时适当地填充黑色。

步骤02　先用黄绿色表现植物的受光面，再用47号的绿色作为中间调，最后适当画上一些蓝色表现暗部。

步骤03　在给蓝色的设备箱上色时，要注意笔触的过渡，受光面与背光面的颜色不同。

步骤04　石头是灰黑色的，用CG的灰色来画，背光面加深。植物下面的石头还可以加一些蓝色来表现。

步骤05　画天空时从右往左进行过渡，颜色较实的一侧放在设备箱受光的一侧，以加强对比。注意画出植物的投影。

● 景观墙表现

步骤01　画线稿时要注意景观墙的透视和植物之间的层次关系，近景的植物要清晰明了。

步骤02　用黄绿色马克笔表现植物的受光部分，笔触统一是斜笔，过渡时保持排线均匀。

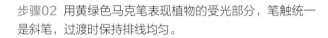

步骤03　用颜色稍微深一点的绿色画出植物的暗部，如59号、47号马克笔，表现出植物的层次关系。

步骤04　在灌木丛中适当加入一些色彩表现花卉，背景植物和植物的暗部用蓝色加重表现。

步骤05　草地的颜色中间深、前后淡。在墙体上画
上斜投影，使其更生动。

步骤06　人物就不必上色了；天空中的
云彩在靠近暗的植物时要注意留白。

3.3 景观小场景

小场景的练习是很有意义的，不仅是因其画面小，还可以更多地展现一些节点图来拓展空间视觉。

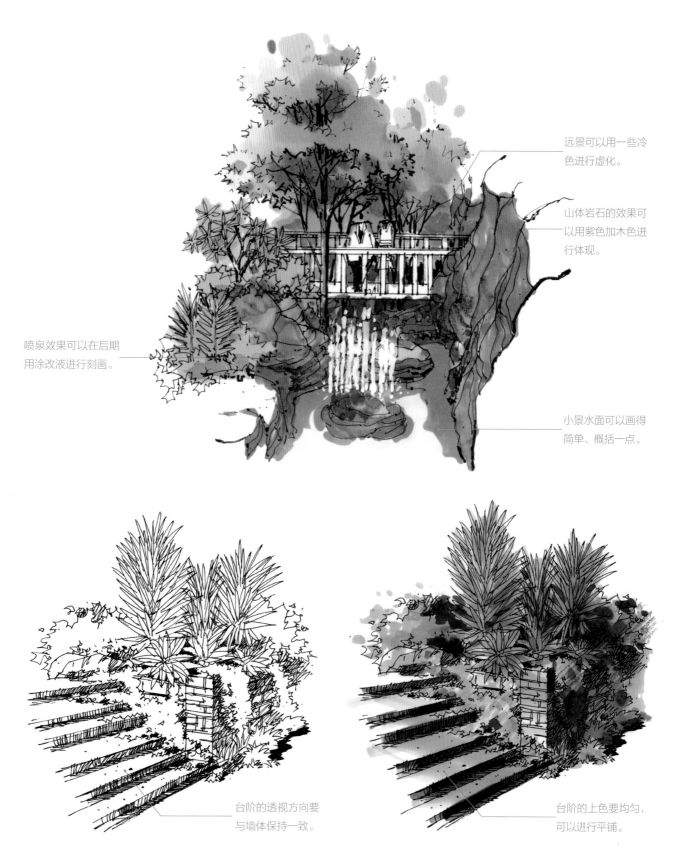

远景可以用一些冷色进行虚化。

山体岩石的效果可以用紫色加木色进行体现。

喷泉效果可以在后期用涂改液进行刻画。

小景水面可以画得简单、概括一点。

台阶的透视方向要与墙体保持一致。

台阶的上色要均匀，可以进行平铺。

近景的叶子因为背光，颜色较暗，选用深色马克笔。

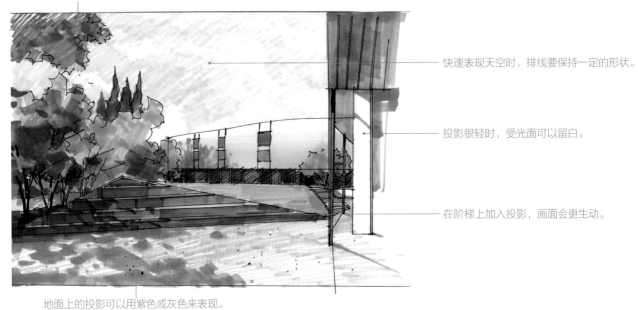

快速表现天空时，排线要保持一定的形状。

投影很轻时，受光面可以留白。

在阶梯上加入投影，画面会更生动。

地面上的投影可以用紫色或灰色来表现。

玻璃上的高光让玻璃更真实。

背景简单的概括下即可。

木板在用马克笔排线时颜色要有过渡变化，不然会显得太僵硬。

近处的水面注意留白。

浅水区注意表现出石沙露出水面的细节。

3.4 局部细节放大

点、线、面相结合的表现，色彩上基本以亮色为主，重色处的点要少。

线稿和色彩从下往上都要有变化。

靠近下方的植物，不一定要用绿色，可以用灰色或淡蓝色来表现。

此图中植物的色彩配合了建筑，墙面可以进行细致表现。

近景树的暗部里树枝会很丰富，颜色也较深。

近景树的顶端颜色深，越往下颜色越亮。而整幅画面中的近、中、远三处的植物，近景偏暗，中景的暗部较少，远景偏亮。

远处树下的这些留白或蓝色很重要，可以增强透气性。

这些石材的颜色变化，由画面中心向边缘减淡，边缘简单画一下即可。

水面的边缘提亮一些，有助于拉开水面与地面的距离。

矮墙体的受光面留白，增强画面的透气性。

地面用排线的方式来画，有助于适当留白，增强画面的透气性。

躺椅的受光面留白，增强画面的透气性。

植物遮盖住一部分躺椅，注意画面的穿插关系。

把握整体的色彩，整个环境色彩统一。表达上没有什么特别的艺术感，简单。

此处用纯黑色增强画面的光感。

用涂改液涂抹的方式，适当地断开这条黑色长线，让水的表现更生动。

画流水的线时带一点弧度，溅起的水花可以用涂改液点上去。

表现流动的水：这种流动的水看似简单，其实表现它需要一定的技巧，方法是用马克笔画出较深的底色，再用涂改液进行涂抹，然后画出一些线条；在画的时候要稍微带点弧度。

注意水面的过渡，黄－绿－紫－天蓝－藏蓝－深蓝。

表现平静的水面：要画得对比分明、透亮。加亮的部分可以用涂改液表现。光感的过渡可以考虑使用相应的彩铅。

整个水面要有最暗的部分来表现投影，可以用马克笔的120号纯黑色来画。

整个水面要有最亮的部分，可以用涂改液来画，让画面对比分明。

这种风格的作品,会把投影画得很淡。重色会画在人物或其他物体上。

注意草坪明暗的过渡,暗部偏冷色。

鸟瞰图的表现特点是暗部特别少,基本上都是中间调和亮调。因为物体处在顺光的位置,其空间重色基本靠人物衣服的深色等方法来弥补。

用彩铅表现的鸟瞰图画面往往会把道路留白,以增强画面的效果。

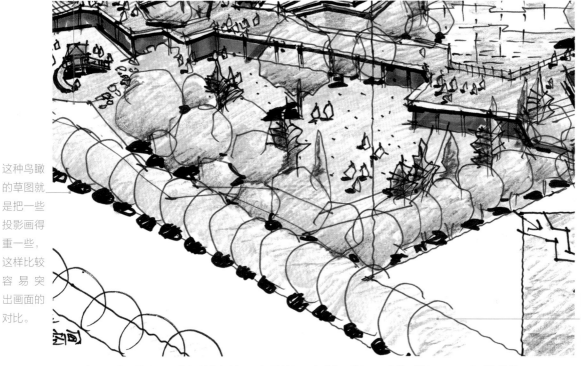

这种鸟瞰的草图就是把一些投影画得重一些,这样比较容易突出画面的对比。

注意整条行道树的色彩变化。

鸟瞰图中这种草图的表现风格把植物与地面画得比较近,有意加重投影,以达到增强画面明暗对比的效果。

3.5 平面图解析与表现

● 景观平面符号的表达与解析

　　在画景观平面图时，首先要学会画单个物体的平面。这里罗列了一些景观物体的平面表达方式，如亭子、木栈道、人工与自然流水、标识符号等。

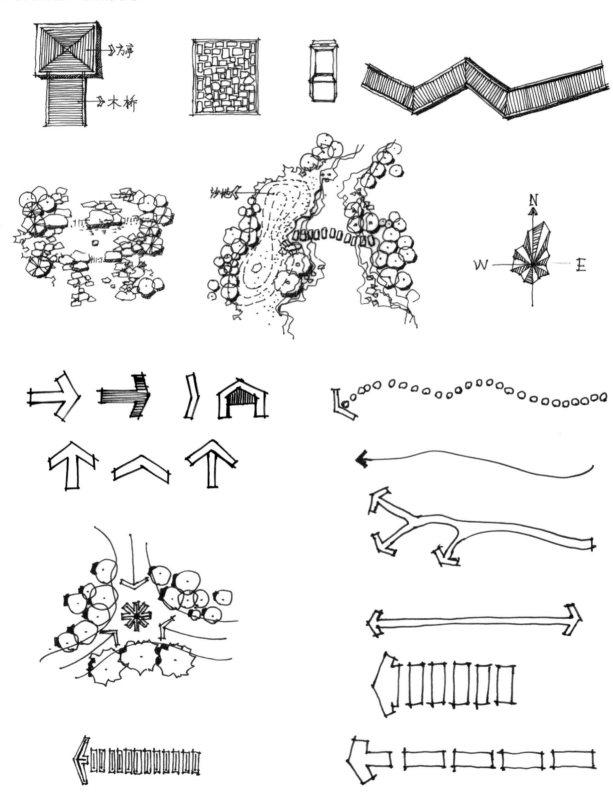

以下是一些植物的平面图例表现方式，有单株植物、树群、草地、树阵、灌木等。

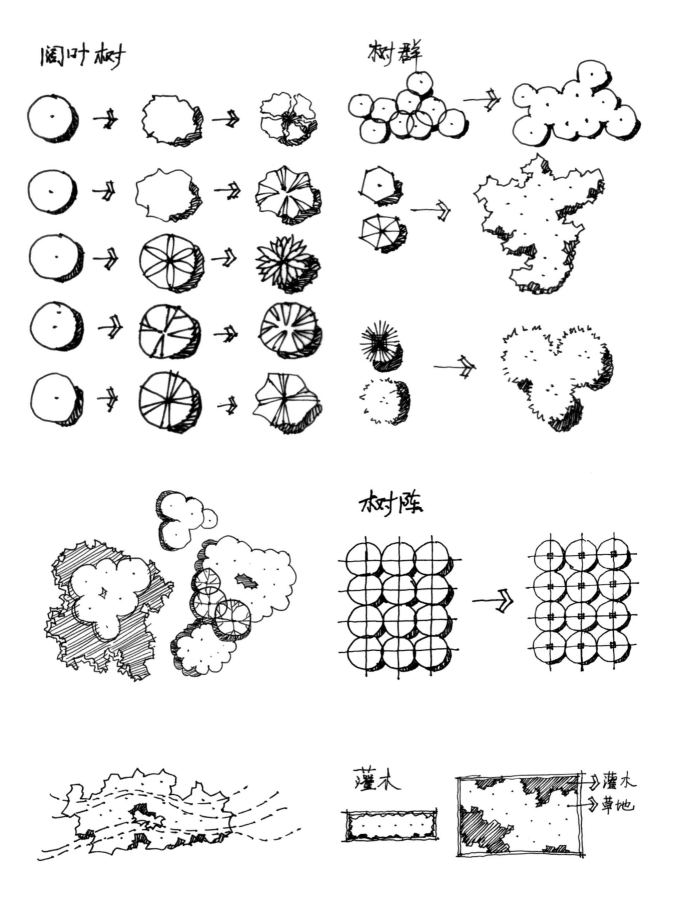

● 复写纸上的平面马克笔上色

平面的上色一般只求画面平衡，色调简单一点也无所谓；适当区别一些树种的色彩。

平面的轮廓造型决定了投影的造型，投影的大小取决于植物的高低。

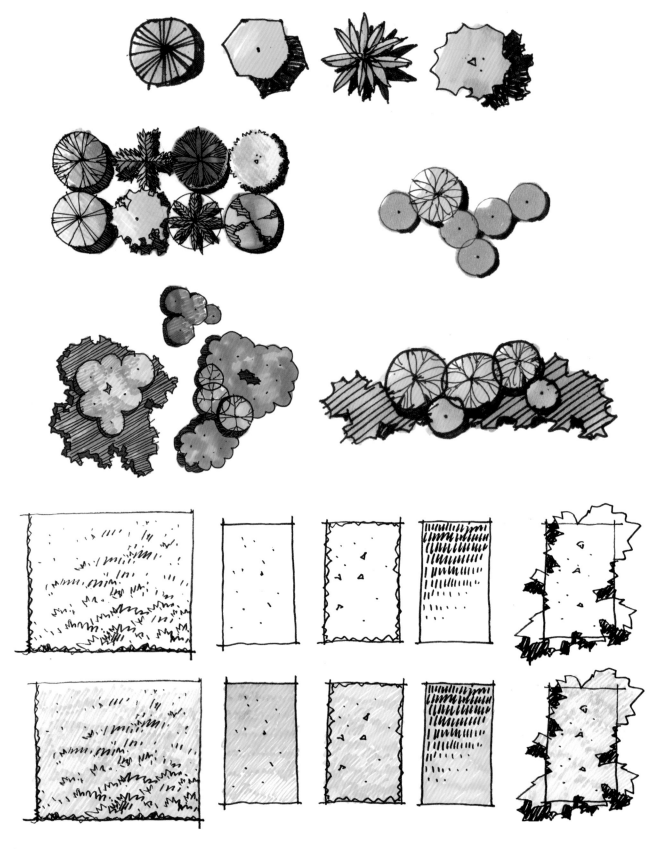

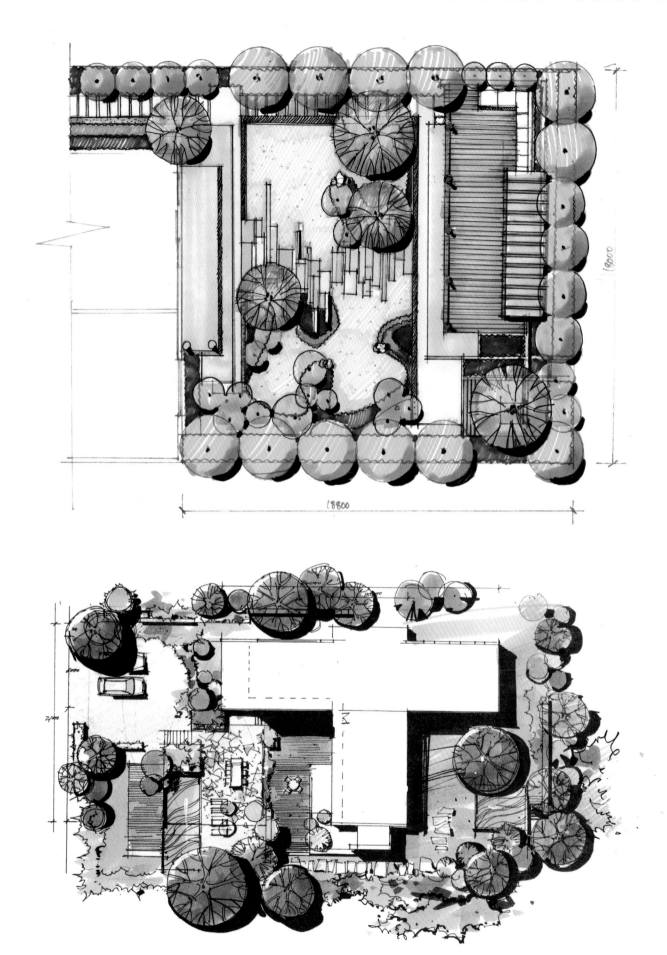

● 硫酸纸上的平面马克笔上色

　　硫酸纸上的上色比较清淡、高雅。可以找到类似的色彩先练习一下，找一下感觉。先是单色，再多运用几种色彩进行过渡。

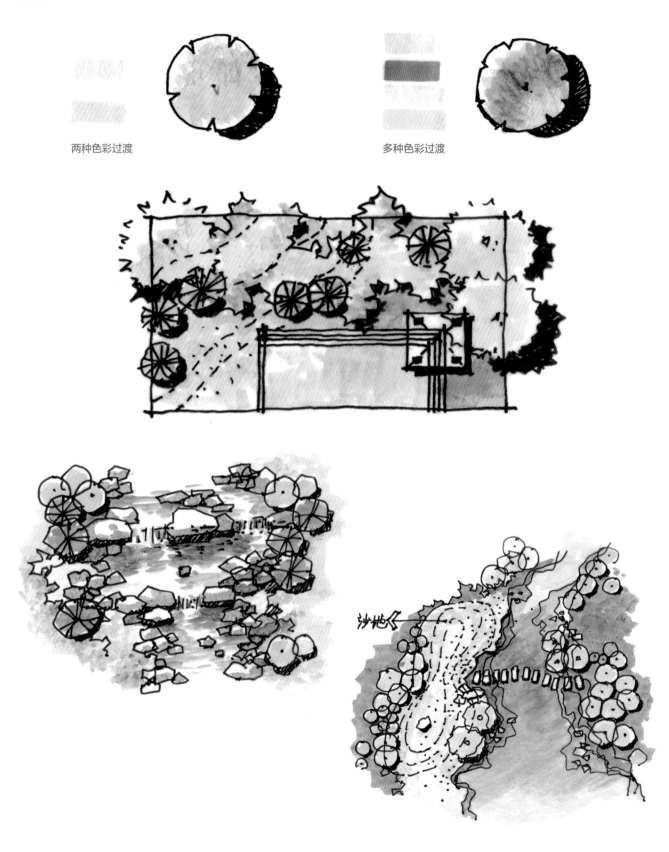

两种色彩过渡　　　　　　　　　　　　　　　　　　多种色彩过渡

● 平面创意构思方案

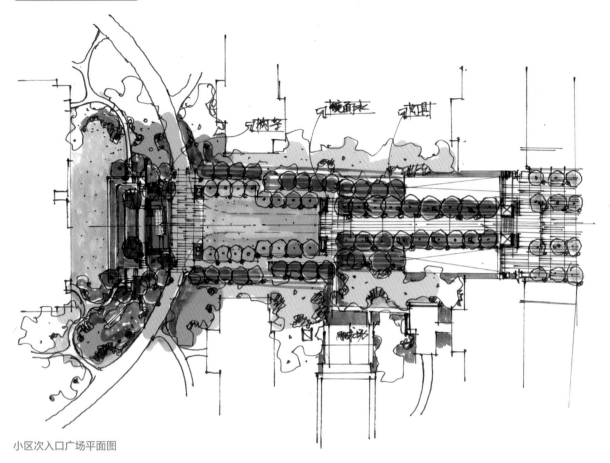

小区次入口广场平面图

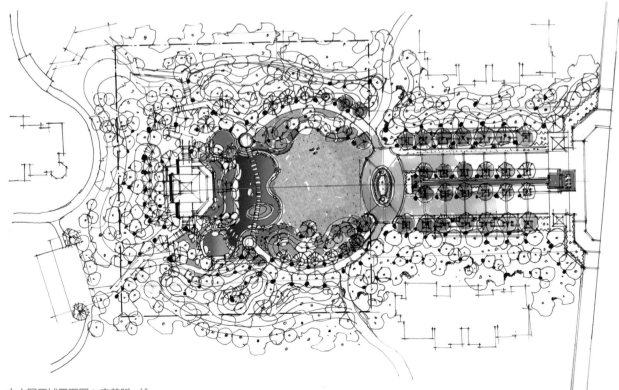

山水园区域平面图◎庞美赋 绘

● 平面设计深化方案

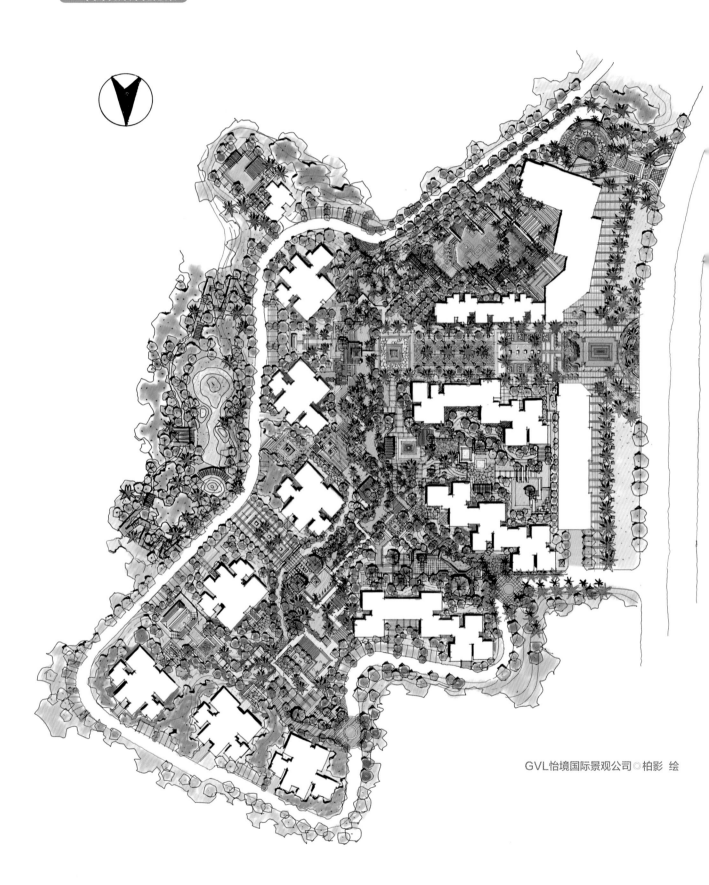

GVL怡境国际景观公司◎柏影　绘

3.6 立面图的表现

景观设计立面图是表现设计环境空间竖向垂直面的正投影图。景观设计立面图主要反映空间造型轮廓线，设计区域各方向的宽度，建筑物或构筑物的尺寸，地形的起伏变化，植物立面造型的高矮，公共设施的空间造型、位置等。其中，公共设施设计的内容包括公共设施的造型、材质、大小、植物的品种、造型灯。

景观立面图不仅可以反映各部分间的景观要素，体现丰富的层次感，还可以辅助设计师对空间进行分析和研究，更好地理解空间高差之间的种种关系。

绘制景观立面图常用的比例有1：50、1：100、1：200。

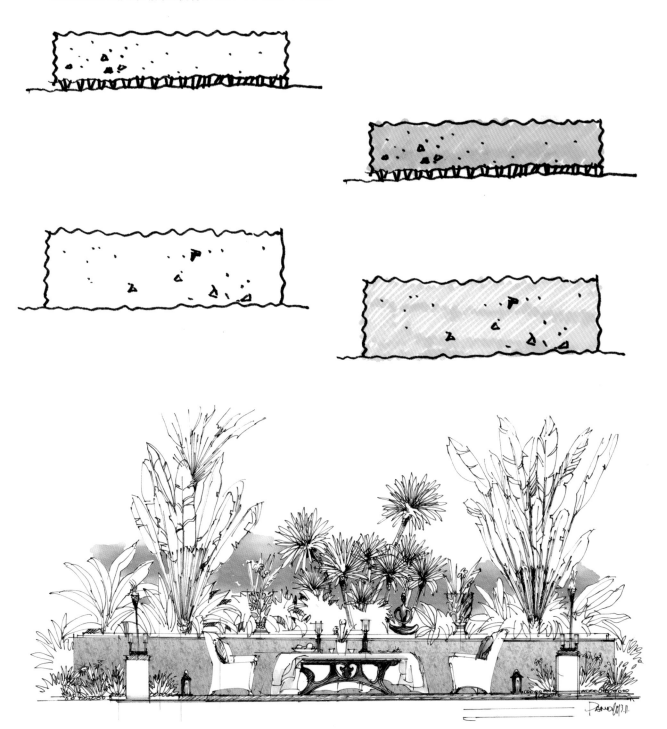

加拿大CSC赛瑞景观公司 ◎ 庞美赋 绘

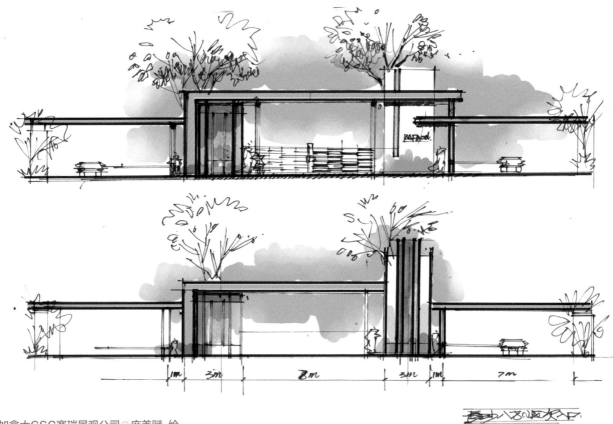

加拿大CSC赛瑞景观公司◎庞美赋　绘

eadg泛亚国际（广州）景观公司◎杨超　绘

第4章 写生训练

写生有两种方式，一种是实地写生，能够得到更高层面的艺术修养，能感受到更多当地的文化；另一种是对着照片写生，有时没有充足的时间实地写生，这时可以拍一些照片回来，对着照片画，随时进行写生练习。

4.1 图片写生对照表现

我们可以去拍一些照片回来，对照照片进行练习。但是这种写生就不一定要画出写生的味道，也可以按照效果图的形式来表现，以提升自己的效果图表达能力。

4.2 写生线稿表现

　　写生训练对于学习手绘而言是一个非常直接的过程，不管是初学者还是已经有一定手绘功底的朋友，都应该坚持。城市里的大街小巷或者旅途中的风景都可以画，如果时间充足可以画得丰富一点，时间仓促就进行简单的速写。这里不想说明写生有多么重要，写生应该作为一种习惯，我们走到哪里就画到哪里。

● **景观建筑构件写生**

　　这种写生不需要画太大的空间，只是绘制局部，时间上也可以大大缩短，相对来说简单一些，但是要注意构件的造型特点。

● **无调子的写生线稿**

　　无调子不是说完全不能有调子，而是基本不需要太多的素描调子，也可以适当加点。这样的线稿主要是用来后期上色，对于后期的马克笔或钢笔淡彩来说都要方便一些。

丽江写生作品

庐山民居写生作品

● **素描调子的写生线稿**

　　素描调子的写生线稿可以画得非常精细，如下图所示豫园的写生稿。不过这样的作品是需要花时间的，可以利用工作之余，一天只画一小部分，但要坚持画完，会有很大收获的。

豫园写生作品1

豫园写生作品2

●陈奇作品

● **趣味性强烈的写生线稿**

　　写生毕竟不同于画效果图。我们这种写生的特点就是玩，如人物在画面中可以留白或使用一个加深的符号，云彩也可以变成卡通式。还可以玩大面积的留白与密集的对比冲击，这些东西都很好地构成了趣味性。

丽江写生作品1

丽江写生作品2

●陈国栋作品

4.3 马克笔写生表达

　　马克笔写生也是独具味道的，其特点是快速、方便。同样，马克笔可以结合彩铅一起使用，使画面的表现更为生动。

这是一幅老街的写生作品，作品的特点总结如下。

1. 先抓住大体结构，表现出一种形式感，以及屋檐的延伸和指向性。

2. 画面左边的房顶过于空，需要加一些内容打破空缺，如天线之类。

3. 画面的对比：以老街的旧和人物衣着的鲜艳色彩以及一抹绿意春色进行对比。

4. 空间的透气性：街道越往深处越亮，不然画面会闷。

5. 光影：有光有影的空间才生动，受光与阴影中的色彩要细分开，以增强画面的立体感。

　　对于这样的写生表现，线稿可以简练一些，无须过多的素描调子，基本上是抓结构。用马克笔上色时，要选好颜色，不要画一支找一支。另外，注意不要眼睛看到什么颜色就画什么颜色，要考虑画面整体的色彩关系。这幅作品整个画面呈灰木色，有一种老房子的味道，同时又有些跳跃的颜色，如红色、黄色。但这样的色彩不能多，只要一点点，所占的面积很小，色彩也不宜过于鲜艳。

第5章 空间训练与表达

5.1 概念草图，快速记录

　　草图、速写是设计师表达创意和灵感最直接的方式，对于一个设计师来说其重要性是不言而喻的。速写可以作为自己的练习记录，也可以作为资料的收集，或者直接是毫无意义、毫无目的地对一个物体、一个空间进行线条组织练习。线稿和色彩一样，在训练表现时，我们可以忽略细节，只抓住空间的大体结构，抓住植物与建筑、小品之间的层次关系即可，画错也不要紧。

　　经常画些小图，可以提高表现技巧和处理画面的能力。当我们把小幅画面整齐地梳理出来之后，这种大量的概念草图便为后期的设计工作提供了便利的帮助。

下面是在A4纸上画的快速草图，10分钟左右就可以完成一张。A4纸的尺寸是非常利于控制画面的，平时可以培养自己的速记能力，这样无论走到哪里，都可以做个记录。

想要画好马克笔手绘，快速草图训练是最好的方式。以下是在明信片上画的草图，尺寸为145mm×105mm。不同的纸张上色的感觉也不尽相同，这种半亚光的明信片纸，马克笔画上去时有点滑，也没有普通复写纸那么吸水。

同样是设计草图，如果时间充足，可以画成精细稿，如果只需要做创意概念方案，则可以只做简要的概括。

邓文杰 绘

加拿大CSC赛瑞景观公司◎庞美赋 绘

5.2 景观空间线稿表现

　　做事情，选择先难后易，往往成功的概率要大很多。画画也是如此，当经过大量的练习，再画一些简单的空间就会感觉容易多了。空间线稿的表现，初学时可以选择画一些复杂的空间，内容细节的刻画可以相对多一些。不必担心画不好，静下心来，学好空间的对比关系塑造。

　　什么样的线稿更适合上色呢？

　　其实这是一个方法的问题，对于复杂的线稿，上色可以简单一点；而简单的线稿，上色就要深入一些。对于一个色彩表现力不够强的初学者来说，线稿画得扎实一点，是更合适的。

李鸣 绘

深圳市东鼎园林景观设计有限公司◎唐建华 绘

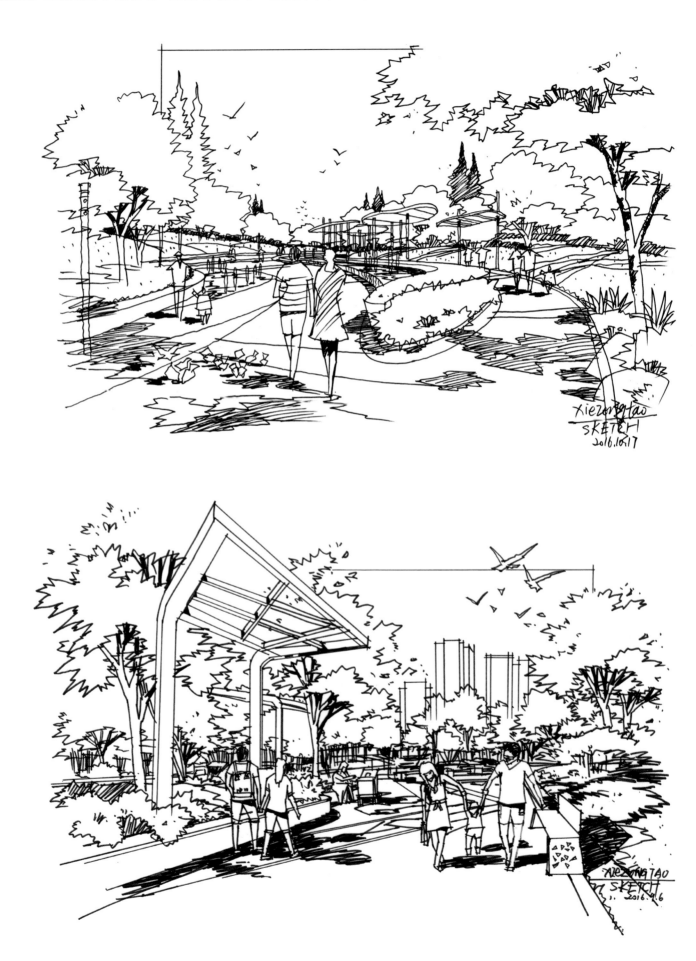

5.3 空间上色绘制步骤

　　本节为大家介绍手绘学习方法，通过空间步骤图来学习。通过表现过程，洞悉别人是如何表现的，同时，配合文字讲解，让大家了解上色思路。

● **小区会所庭院设计**

步骤01　先用铅笔画出大概的空间，再用签字笔勾画出整个墨线稿。

步骤02　上色前先选择好颜色，找到自己要画的主色调，这里以暖色为主。

步骤03 近处的红色稍微浓烈些，远处则清淡些。

步骤04 可以考虑平铺的手法为地面上色，但是运笔要有规律感，这里用斜排笔，自然留出缝隙，有透气感。

步骤05　近处的树明暗对比比较强，刻画也比较细致。

步骤06　完善天空，可以画得简单一点。这种表现方法对空间起到衬托作用，可以使空间更加清透。

● **小区主广场景观表现**

步骤01 在画景观线稿时，要注重铺砖的表达。注意广场上的人物在空间透视中的分布，同时人物头部应该保持在视平线上。

步骤02 为植物上色前先选择好颜色，这里选择较亮的黄绿色。

步骤03　绘制植物的明暗关系。对于远处的植物来说，明暗变化其实不大。选择冷色马克笔表现水面效果，并适当画在植物密集的暗部，可以使空间更有透气感。

步骤04　继续完善植物层次，越靠近水平线的位置，景观的表现越重要，色彩的变化越多。

步骤05 为了突出画面中心带，地面的颜色并没有太多变化，上色时以平铺的手法向外延伸。

步骤06 在投影的暗部可以适当加些冷色。表现天空中的冷暖变化时要有规律地排笔，不要零散，注意整体的造型。

● 公园滨水景观表现

步骤01 选择一个浅亮色作为主体色，这里选的是黄绿色，注意近处的乔木顶端不要画得太满，要有过渡及留白。

步骤02 第二层颜色用59号马克笔表现，颜色偏绿，比较淡雅。画在黄绿色中作为转折面、灰面。

步骤03 画出第三层的颜色，用47号马克笔画出暗部，平铺一遍即可。再用蓝色画出远处的间隙并加深树的暗部。

步骤04 处理近处的灌木和投影，表现变化的过程中可以适当地用涂改液进行提亮。木地板直接用彩铅过渡一下即可。

步骤05 水池要注意留白，其主要是用两个不同明度的蓝色进行过渡，流水用涂改液进行提亮。在喷水墙的受光面用紫灰色画出一些投影。地面先用浅灰色轻扫过渡，再画出一些投影。

步骤06 人物的上色要尽量融入画面中，过亮的颜色可以用灰色或黑色覆盖部分。天空的彩铅排线大致是斜向45°，保持同一排法，不要乱，在排的过程中慢慢塑形，画出云的感觉，注意排线不宜画得太碎。

● 山地别墅花园景观表现

步骤01 用冷灰色马克笔画出白色建筑的阴影，再用同样的颜色画出地面的投影。

步骤02 投影要有深浅变化，这样才能很好地建立起景观空间的立体感。近景的植物用亮色或者一些写实的花丛来表现。

步骤03 远处的植物和山用灰色调马克笔上色，近处植物可用鲜艳的色彩上色，以达到近实远虚的效果。

步骤04 在画建筑玻璃的冷色时，后面的植物也可加入一些冷色，将其暗藏在里面。再加强地面投影和建筑的阴影部分。

步骤05 在地面上铺淡黄色的调子，直接扫笔，注意不要平涂，否则会显得僵硬。最后，深入刻画一下墙面的材质。

● 会所中庭景观表现

步骤01 用尺规构建起一点透视庭院景观空间线稿。重在庭院大体关系的把握，无需把植物、家具、小品等画得过于细致。

步骤02 上色时可以考虑以右半部分为主，画得精细一些，而左半部分以简略为好，这样有主有次。

步骤03 在表现建筑物的玻璃等这种有通透感的材质时，可以画出玻璃里面的空间，但不要过实。上色时考虑整体的光感，加重局部。

步骤04 给整个场景的木质材质上色，都使用同样的色调，只是深浅不同，可以根据受光情况来分析明暗。

步骤05 在表现这样围合的天空时，切记不要画得太满，要留些空白，以增强空间的透气感。

步骤06 在近处天花板部分作加深调整，平衡画面。用彩铅在植物丛中点出一些小花，此时也有了一番"宠辱不惊，看庭前花开花落"的情怀。

● **售楼部入口景观表现**

步骤01 徒手画出曲线空间线稿，曲线的表达一定要顺畅，植物的表达要注意景深，把握近大远小的关系。

步骤02 注意光的方向，左边的植物处在阴影中，可以选偏冷的颜色，右边的植物受光照影响，可以选暖绿色。

步骤03 为曲线墙面上色，要注意凹进去的部分颜色加深，凸出的部分颜色减淡。远处的墙面作为背景墙，无需作过多考虑，只要涂上基本的色块即可。

步骤04 画地板时注意投影和受光部分要有变化。远处的树用灰绿色马克笔上色,使整个画面比较和谐。

步骤05 建筑物的木门可以选用与地板暗部相同的颜色,保持色彩的统一性。

步骤06　加强细节部分的处理，这是每次完成一幅作品前都要做的工作。如这里可以加强建筑物玻璃材质的表现，局部加深、加亮，加亮时可以借助涂改液。

● 私家别墅后花园景观表现

步骤01　画出多点透视景观空间线稿，注意每个方向的消失点，近处的植物可以画得细致一些。

步骤02 根据阳光照射的强度，选用黄绿色马克笔，先铺一个亮色调，定位整个画面的基调。

步骤03 点缀画面时可以选些突出的颜色，如红色、黄色，但不宜过多。然后用冷绿色为部分植物上色。

步骤04 用更多的冷色表现画面的第二层次，增强画面的层次感。

步骤05 建筑物、景观墙和地面铺砖都用统一的黄色，加强空间的统一性。注意黄色在大面积使用时不宜过亮。

步骤06　天空面积过小，可以不作处理，也可以用飞鸟或气球等进行充实。水面可以分两个层次，但不宜过于花哨，注意加上投影。

● 酒店水池景观表现

步骤01　画出线稿，要进行上色的线稿，可以画得简单一些。

步骤02　选择几支不同色阶的绿色给植物上色，适当画点蓝色在暗部。

步骤03　用36号黄色马克笔将颜色过渡到整个地面，再用97号木色马克笔画出一些暗部。整个过程注意要有变化，切勿僵硬。

步骤04　用一支淡蓝色马克笔画水面与天空，注意留白，同时要注意表现流水的暗部。最后，用涂改液提亮流水。

步骤05　加深天空的深色区，在远处建筑的玻璃上画出与天空统一的色调，越简单越好。最后，再稍微加深一下近处的地面即可。

● 小区休闲广场景观表现

步骤01 用一支浅黄绿色马克笔画出画面中的受光区，排线基本采用斜短线的笔触。

步骤02 用浅绿色马克笔画出受光区的第二个层次，增强受光区域的体积感。

步骤03　先用稍微深一点的47号绿色马克笔画出植物的暗部，再用蓝色画出间隙。

步骤04　地面用36号黄色和25号淡红色马克笔去表现过渡变化。用一支颜色比较重的木色马克笔画出廊架的背光面，受光面用彩铅扫一遍即可。

步骤05 给近处的人物画上一个大红色，提升画面的亮度。天空在排线的过程中要注意留白。

● 景观小品表现

步骤01 用铅笔和尺子画出线稿，注意大象的造型要准确。

步骤02 先给墙体上色，用木色和黄色进行过渡，适当画上一些灰色。

步骤03 水面用两支颜色不同的蓝色过渡，近处和投影的颜色较重。远处的地面用灰色轻扫即可。再用灰色画出大象，适当扫几笔重色作为投影。

步骤04 用绿色将植物简单地过渡一遍，色彩不宜过多。

步骤05 近处的灌木颜色可以丰富一点，同时，在远景和暗部上叠加一些蓝色。

5.4 景观空间表现图欣赏

明暗分析

高视点分析

低视点分析

程翔军 绘

刘斯洲 绘

5.5 鸟瞰图表现

　　鸟瞰图中的透视关系是比较难画的，因为其复杂多变，所以在画的时候要多方面考虑，如画面中出现的人物，要画成上身长，下身短；另外，色彩上也有变化，如植物的亮部会变多。

每个人可能都有依附都市又渴望游离于乡村的心境。返璞归真，从而回到生活的本原上来。

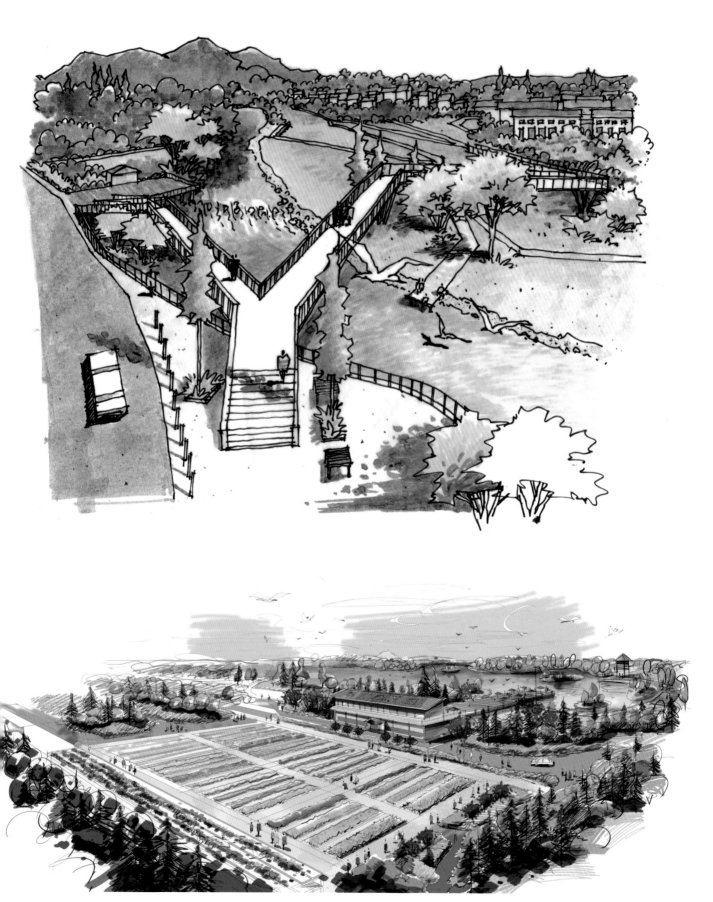

eadg泛亚国际（广州）景观公司◎ 杨超 绘

5.6　景观规划图表现

　　规划图中的透视应该是最多的，因为规划图中所画的都是些大场景、建筑群、几何和不规则体块的透视。把每个物体的透视放到空间里，又有一个整体的透视。所以有些景观设计师往往结合SU软件建模，打印出来后再描图，把形体画到空间中，最后再在画面中加上一些配景，这种方法对于这样的大工程可以节约很多时间。

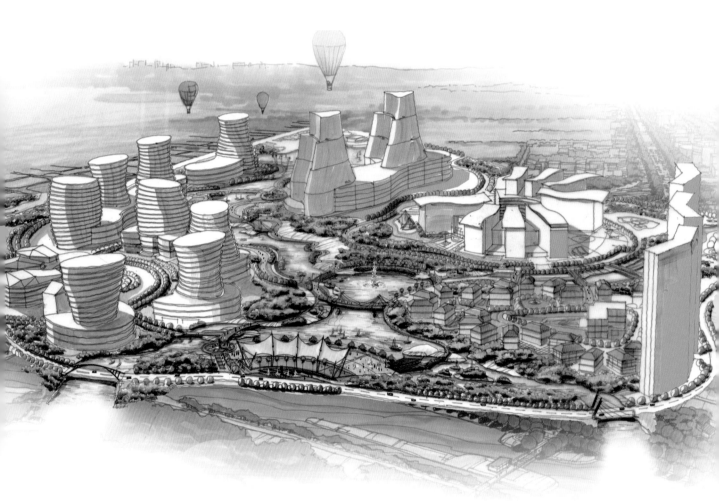

eadg泛亚国际（广州）景观公司◎杨超 绘

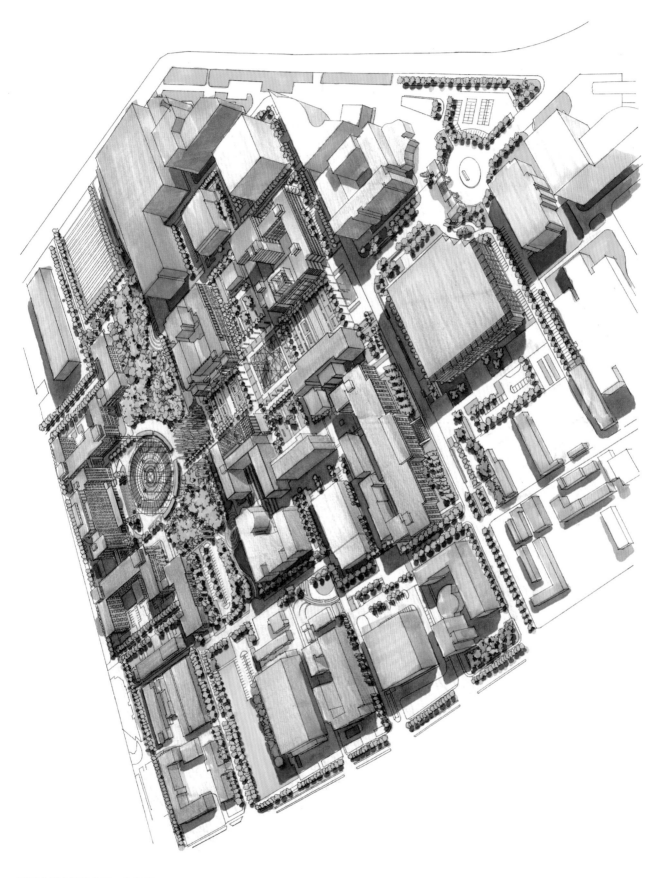

清华大学主楼前广场◎李鸣 绘

王华汉 绘

5.7 空间夜景表现

"没有光，就没有了色彩"，不管是画白天还是画夜景，都是在找光。通过光影，找出画面的关系，丰富面画的效果。下面针对同一空间，分析它在白天与晚上的不同表现。

● **白天的效果表现**

一天中，日光的色温是不断变化的。清晨和傍晚相对正午来说，光色是偏红的。其马克笔的用色是：受自然光的影响，整个空间的色彩会偏亮，绝大部分可以用一些明快的色彩来表达，重色一般不会太多，要注意物体暗部的色彩和投影。

● **晚上的效果表现**

晚上要考虑光源是从哪里来的，是路灯，还是建筑的室内发出来的光，本例是从建筑室内发出来的光。其马克笔的用色是：玻璃面全部用亮黄色和橙色来表现，室外的地面和植物可以先画出一些受光面，然后再考虑其他部分，其他部分可以用深色或蓝色进行叠加，天空部分采用几支颜色较深的蓝色进行过渡。

步骤01 用黄木色画出建筑的玻璃，注意颜色要有变化。

步骤02 用一个比较重的灰色画出建筑体。用黄绿色画出草地受光的部分，其他部分用深色表现。

步骤03 用灰色画出地面，注意地面颜色与室内透出来的光的颜色的混合，扫笔时笔触一定要轻。用绿色画出其他植物。

步骤04 画天空时，在蓝色中可以加入一些紫色，天空的颜色从上到下逐渐变浅。在表现水面时要注意其受光照影响所产生的变化，这样表现出来的画面会更生动。

● 泰式亭子马克笔表现

　　这种类似夜景的景观空间，表现难度较大，首先要选好马克笔，找对相应的色彩，这就需要大家对马克笔的色彩有一定的认识。这里所选的马克笔是多种品牌的，不同品牌的马克笔颜色有自己的特点。不管是用什么色彩，首先要符合景观建筑的地域特色，去营造它本身所赋予的氛围。

步骤01　画出亭子的线稿，再用多支不同色阶的紫色马克笔铺出一个整体基调。

步骤02　要注意绿色植物受光照的部位因受灯光影响颜色偏黄绿色。

步骤03　背景色可以偏重，以衬托出灯光的效果。

步骤04　用紫色渲染出建筑的其他结构，部分植物也可以用紫色过渡。

步骤05 不受灯光光照影响的植物应该普遍偏冷绿色，完善其背光面的颜色深浅程度。在背景色的紫色中适当添加天蓝色，会让背景更加透气。

步骤06 近景的植物逆光处颜色较深，然后用暗红色完善亭子，最后完善整个画面的局部。

第**6**章 景观设计方案及工程案例欣赏

本章展示三套景观设计小方案和一些公司的设计作品欣赏，让大家可以直接看到设计公司在设计表现方面是如何做的。许多创意设计师也是用手绘先构思理念草图，做出一个好的平面方案，然后整理、定稿，再画出空间手绘表现图，空间表现也是由大量草图形成的。把我们构思的片段记录、梳理出来后，选择出最终满意的空间方案。

6.1 小方案练习

当手绘表现学习到一定阶段，已经能够自己画些景物的时候，可以尝试做些小方案。先设定一个平面空间尺寸，再来具体考虑空间设计。空间可以简单一些，一个平面、一个透视，再加些剖、立面图。将来我们是要将空间运用到设计中的，赶紧来感受手绘在设计空间中的运用吧。

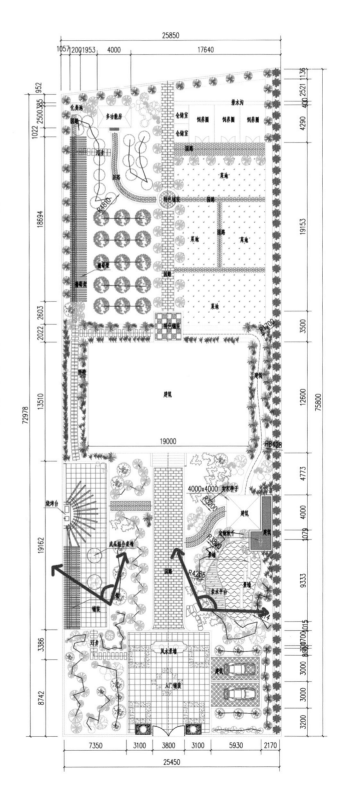

彭自新　绘

这是一个10m×30m的空间创意设计，本方案的定位是写字楼间的中庭景观，主要体现云贵梯田人家特色，借用元素有旱地喷泉、农民晒干果的竹床、土色的地面、绿色台阶等。

这是一个6.5m×5m的过道小空间方案。设计要求一，风格要现代简约同时体现中国风；设计要求二，用尺规按比例画出平面图、立面图，尺寸合理。

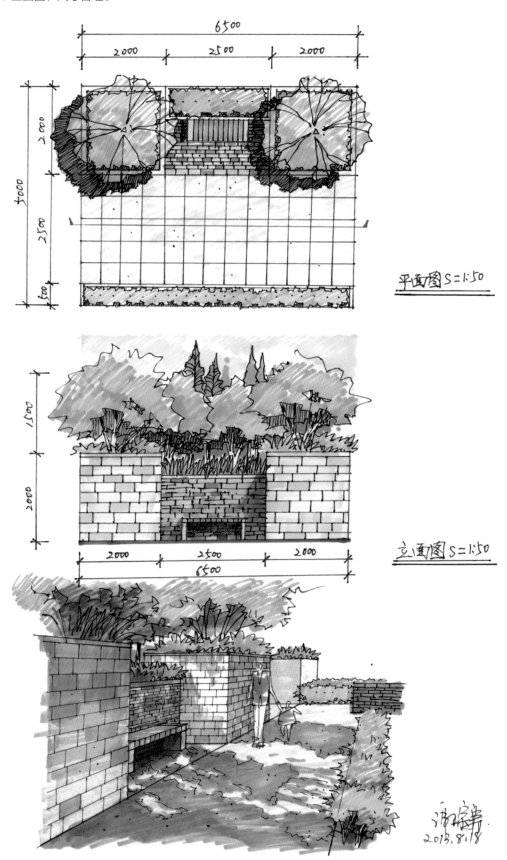

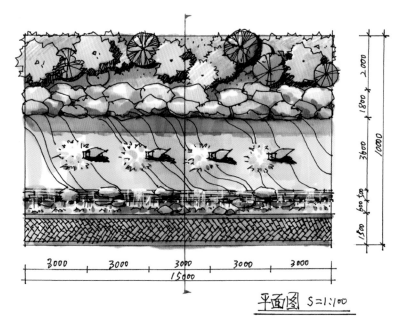

平面图 S=1:100

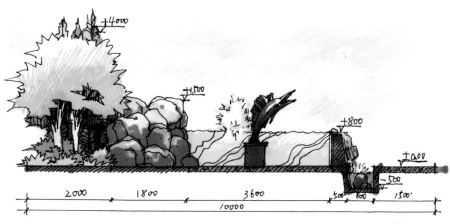

剖立面图 S=1:50

这是一个15m×10m的流水景观方案。给初学者展示一个简单的方案学习过程，这样学习比较容易上手。大家也可以通过这几个小方案，做一些其他的尝试。

6.2 多家公司设计手稿欣赏

这里选取了一些公司的图纸，希望读者学习完本书之后，了解各个公司的设计表达，能更好地与公司接轨，清楚设计对图纸的要求。虽然说每个设计师的表达手法不一样，但都能明白手绘对于一个设计项目的重要性。

加拿大CSC赛瑞景观公司◎庞美赋 绘

GVL怡境国际景观公司◎柏影 绘

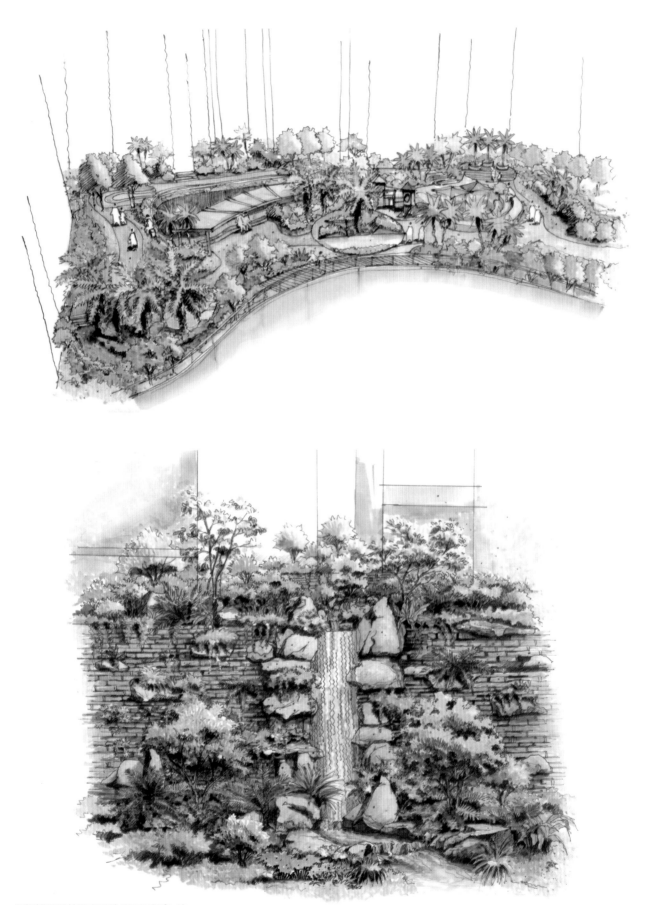

深圳憧景园林景观设计公司◎彭鑫 绘

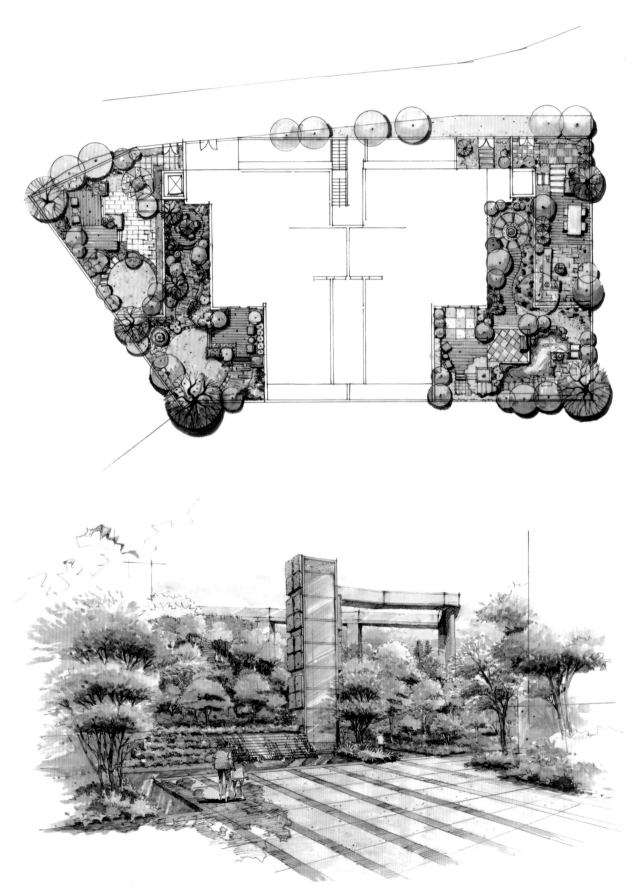

深圳憧景园林景观设计公司◎彭鑫 绘

深圳憧景园林景观设计公司◎彭鑫 绘

海南屯昌枫木镇修建性详划图之一◎李劲柏 绘

深圳市东鼎园林景观设计公司◎唐建华 绘

深圳市东鼎园林景观设计公司◎唐建华 绘

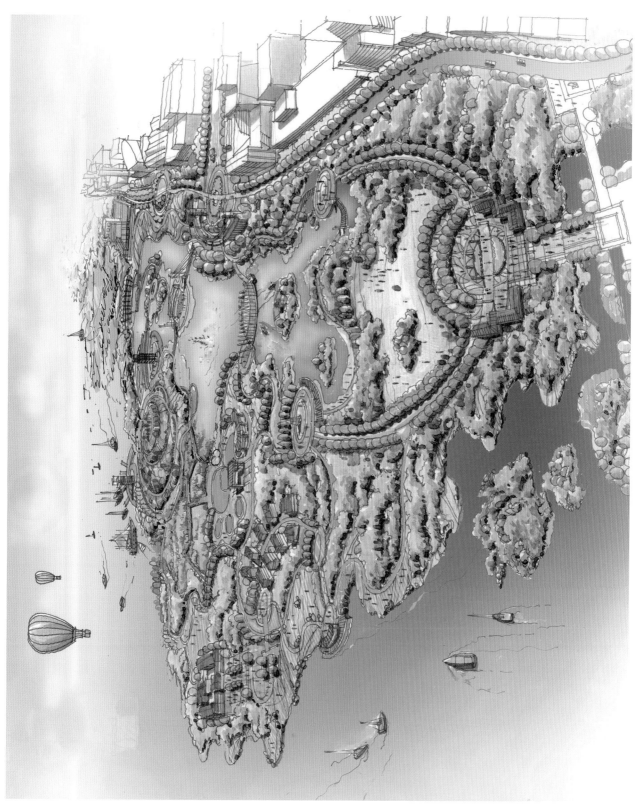

eadg泛亚国际（广州）景观公司◎杨超 绘

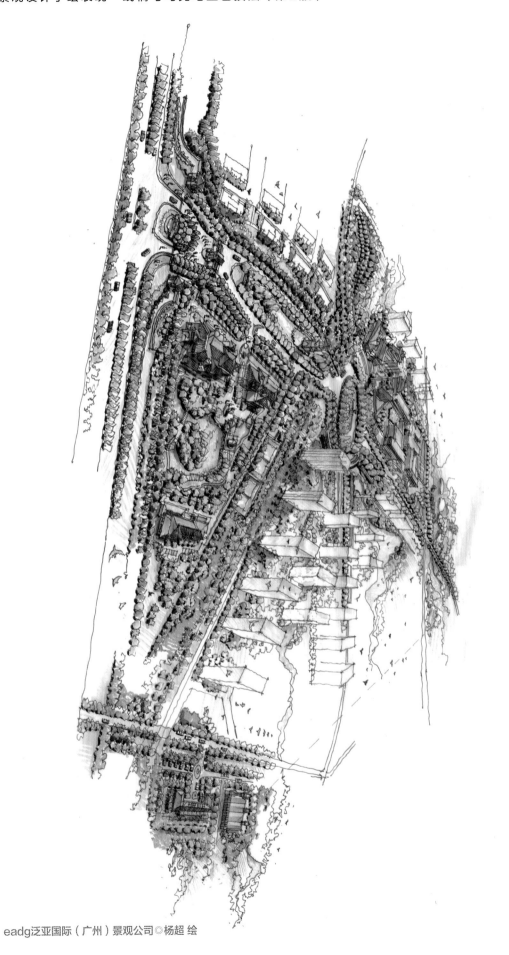

eadg泛亚国际（广州）景观公司◎杨超 绘

王华汉 绘

园路沿路景观◎王华汉　绘